# 室内光环境设计手册

理想·宅 编著

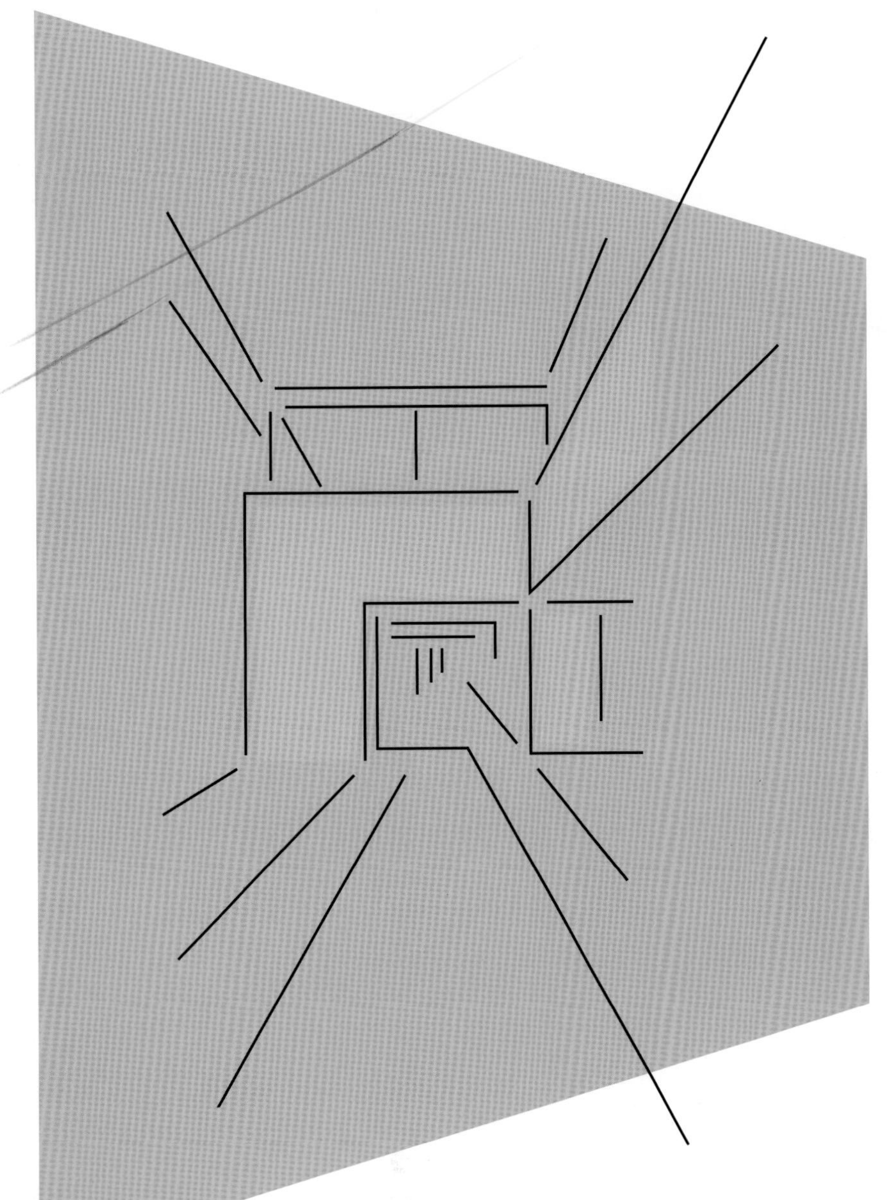

中国电力出版社
CHINA ELECTRIC POWER PRESS

## 内容提要

本书共五章，第一章主要讲解了室内光环境的基本知识；第二章讲解了室内光环境设计的分类；第三章着重分析了光环境形成的基本要素；第四章将影响光环境设计的因素进行了详细的分析；第五章则着重理论的应用，从不同空间出发，分析光环境设计要点。

本书可供室内设计师、灯光设计师参考使用，也可供相关专业的学生、院校或培训机构参考阅读。本书使用了大量符合时下潮流的实景图，非常适合室内设计师、室内设计专业学生、从事家装行业的人员、对家装感兴趣的业主阅读与参考。

**图书在版编目（CIP）数据**

室内光环境设计手册 / 理想・宅编著 . — 北京：中国电力出版社，2023.3

ISBN 978-7-5198-7134-5

Ⅰ. ①室… Ⅱ. ①理… Ⅲ. ①室内照明—照明设计—手册 Ⅳ. ① TU113.6-62

中国版本图书馆 CIP 数据核字（2022）第 187539 号

出版发行：中国电力出版社
地　　址：北京市东城区北京站西街 19 号（邮政编码 100005）
网　　址：http://www.cepp.sgcc.com.cn
责任编辑：曹　巍（010-63412609）
责任校对：黄　蓓　常燕昆
装帧设计：张俊霞
责任印制：杨晓东

印　　刷：北京瑞禾彩色印刷有限公司
版　　次：2023 年 3 月第一版
印　　次：2023 年 3 月第一次印刷
开　　本：889 毫米 ×1194 毫米　16 开本
印　　张：18
字　　数：540 千字
定　　价：178.00 元

# 前　言

室内光环境设计是现代建筑设计的一部分，其目的是追求合理的设计标准和照明设备，节约能源，使科学与艺术融为一体。对于设计师而言，学习光环境设计知识是必不可少的。

本书共五章。第一章简单介绍了光环境的基本知识，了解学习光环境设计的重要性与必要性；第二章介绍了光环境的分类，着重介绍了人工照明设计的方法；第三章则从视知觉、光源和灯具三个方面介绍了光环境的实现条件；第四章探讨了可能影响光环境设计的因素，帮助读者提前规避掉这些影响因素；第五章从实例出发，包含住宅空间、办公空间、餐饮空间和商店空间，通过实景案例分析，巩固对知识点的理解，学会灵活运用。

本书将知识性、基础性、实践性熔为一炉，通过大量的优秀光环境设计图例，使读者在室内光环境设计的应用中积累实践经验，理论和实践双管齐下，为设计打下扎实的基础。另外，本书成文形式丰富，除了实景图外，还通过图标、漫画、手绘、表格、思维导图等形式，让读者有良好的阅读感受的同时理解知识要点。

因编写时间较短，编者能力有限，若书中有不足和疏漏，还请广大读者给予反馈意见，以便及时改正。

编者

2023 年 2 月

# 目　录

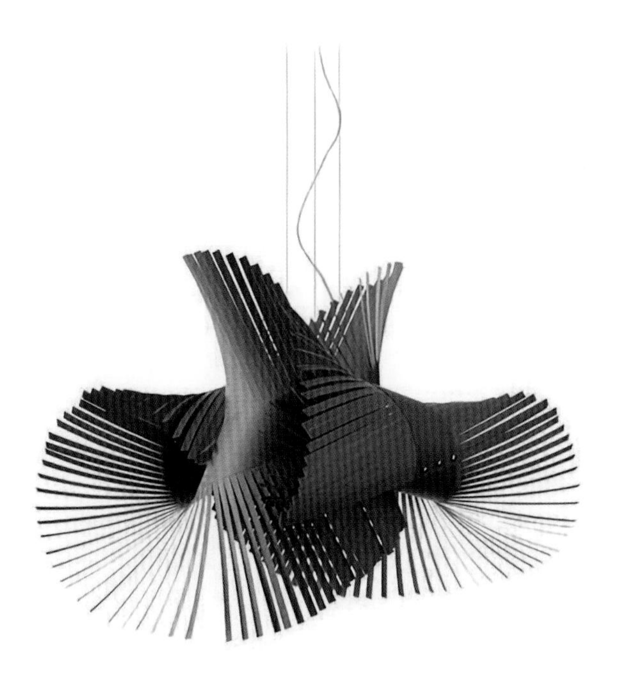

第二章

# 室内光环境设计的分类

第三章

# 室内光环境的实现

第四章

# 影响光环境设计的因素

第五章

# 室内照明设计应用

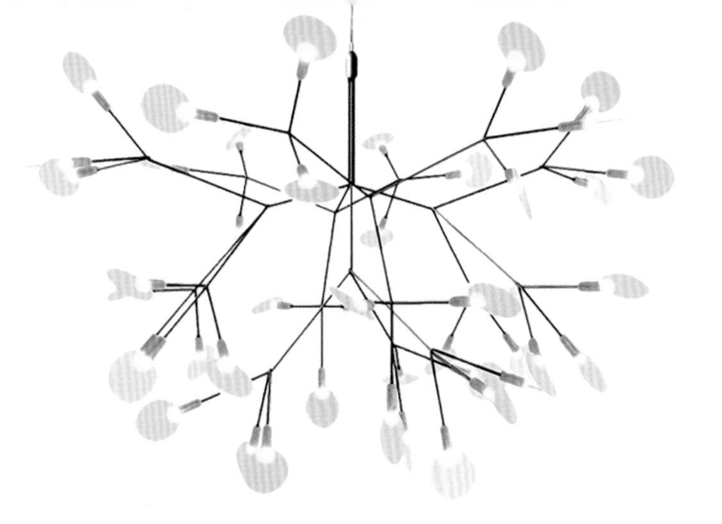

第一章

# 室内光环境的基本概述

光是室内空间中十分重要的设计元素，空间必须透过光线的照射，才能有生命力。好的光环境设计能够塑造出令人满意的空间效果，给人带来舒适的生活、工作环境，因此光环境设计是室内设计中十分重要的组成部分。本章介绍了光环境的基本知识，在更好地进行室内光环境设计之前，先理解光环境的基本含义，可以为后期设计扎实基础。

# 一、光及光环境的认识

光环境设计不仅是建筑设计及城市规划的重要组成部分，也是室内设计优劣的重要标准，良好的光环境不仅要达到一定的照度、亮度等质量水平以满足人们正常的工作、生活需求，还要营造不同的氛围，塑造出一个带给人们不同感受的室内空间。

## 1. 光的基本认识

人们建造任何空间环境都是有目的和使用要求的，这就是建筑空间的使用功能。面对日益激烈的竞争，人们对室内空间的追求不仅仅满足于使用功能上，也要考虑到空间对于人的精神感受上所产生的较大影响。而其中，光的设计给人们日常生活带来最直接的影响。

### 1 光的起源

人们在很早之前就对光形成了最初的认识。大约在 15000 年前，原始人为了适应艰难的环境以及躲避野兽的侵袭，需要一个赖以生存的空间，在这个空间里，自然光是唯一的照明工具，随着生产的发展，人类学会了钻木取火。从此，人类开始根据自己的需要创造光源，生产力与生活水平因此大大提高。

钻木取火只是人类创造人工光源的开始，在随后的千百年里，人类为了得到稳定、优质且持久的光源而不懈地努力，但是结果总是不尽如人意。火光容易得到但是不宜控制其亮度，烛光由于材料的限制，使用时间短、光源也不稳定。

在欧洲各国，最原始的油灯是用陶盘盛油，以线绳做灯捻。后来改用金属做灯座与灯盏，并且发明了在铁管里穿灯捻的做法来改善照明。在 1879 年，爱迪生发明了电灯，从此开始进入电气化时代。

### 2 光的本质

从物理学的本质来说，光是一种电磁辐射能，是能量的一种存在形式。所谓的“能量石”是物体放出的，不需要任何介质，就可以传播出来。这种能量转化演变的形式称为辐射。经研究证明，当一个物体放射出这种能量时，即使中间没有任何媒质，能量也能向外传播，这种能量形式的放射和传播过程，就是辐射。光还具有波动性和微粒性两种特性，两者相互对立统一，证实光的绝对运动和相对静止。

## 3 光的作用

第一，引导作用。人或其他动物都有着极强的向光性，在黑暗中会不经意地向着光亮走去。在室内空间处理中，光往往使人有趋前行为的指向，它是不以人的意识为转移的，从而在空间中引发导向作用。若能将光线处理得含蓄、巧妙、自然，就能使空间环境丰富而有内涵。材质纹理的不同就会使得光产生不同的反射光、扩散光、漫射光等，通过光不同使室内空间造型结构及性格呈现多样性，为空间提供一种序列、秩序的方式，通过这种方式可以突出主体物，减弱次要的空间，使主次关系明确。

在走廊尽头的墙面设置灯光，形成抢眼的导向作用，引导人前进的方向

第二，表现作用。光以其极强的空间形态表现力，与室内空间中的物体形态、材质、色彩等一起构成室内空间中不可缺少的构成元素，从而改变室内的视觉效果。光能使室内空间的表情性格变得丰富，提高室内不同材料的质感，同时室外空间中强烈的光线在内部空间被吸收、扩散，给予适度的照明把内外空间一体化，使人处于愉快的状态。良好的光线设计可以使空间变得生动活泼，光影的对比使用使空间的形体具有层次感，光对室内空间的气氛起到一定的渲染作用。

第三，限定作用。对于空间的区分和限定是可以通过建筑实体构建或者装饰手段的分隔和围合来达到的，但是有一种方法能够达到光限定空间时所达到的自然感。空间限定的基础就是光的明暗差别，空间领域感就是通过明暗的光形成的，通过对空间形体的勾勒来限定空间，不同的空间通过亮度差异来区别。它是在心理上的空间区划，虽然没有实体的围合，但仍然具有空间的属性。

间接照明让居住的氛围变得更加私密起来，柔和、温暖的光线打在不同材质的界面上，形成了不同的效果，空间的质感变得丰富

投射在木饰面板上的光线，偏暖的色彩表现，给人温暖、亲切的感觉，减少黑白色空间的冷感，晃动的光影生动活泼，让空间变得灵动起来

由于空间较大，为了避免空间的单调平乏，又能保证氛围感，通过运用顶棚和墙面的人工照明设计，凸显空间的明暗关系、虚实关系，使空间通过这种光感的强弱形成视觉上的空间差别

运用顶棚天窗散射下的自然光对自由的空间进行界定，还能在没有任何隔断的空间中创造出新的空间。这种空间没有围合，只是随着太阳的运动每时每刻地发生轻微的转移，比实际的空间更灵活，更富有人情味

# 2. 光环境的概述

没有光就没有万物，它给人们带来光明，让人们有能力发挥自身的视觉功效去感知各种各样的空间甚至感知空间中物体形态、色彩等存在，从而逐渐地认识整个世界。另外，光作为除色彩、结构、造型等之外的一种有效的、独特的视觉语言，在生活中也更具有随意性和可变性，通过改变不同的角度、不同的组合方式从而使人们对形体产生不同的感觉，而光则以空间为依托，呈现出其变化及表现力。

## 1 光环境的认识

光环境与色环境、声环境是并列的，属于整体环境构成要素之一。创造舒适的光环境，提高视觉效能，是建筑光学的主要研究课题。

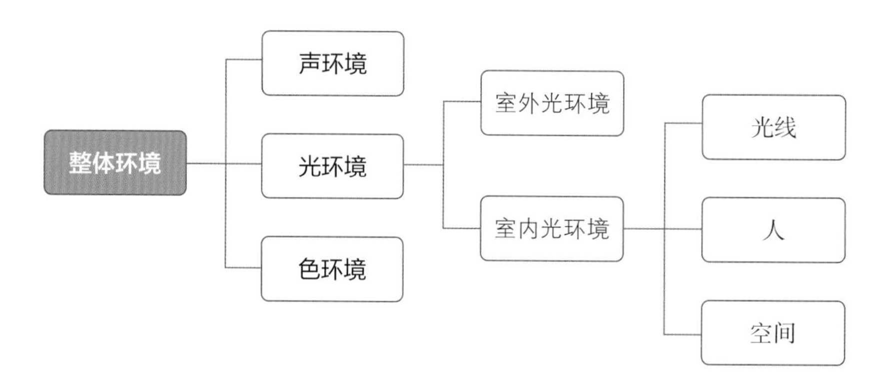


因此，光环境设计起初被用于现代建筑空间设计，更是有许多建筑师运用光对人们的心理影响来表达建筑的魔力，如安藤忠雄的光之教堂、冥想空间等。光作为很有灵性的设计元素，经常被建筑师用于对建筑空间的塑造，经过光环境处理过的建筑，总能让空间蕴藏着丰富的表情及神秘的气息，这能够带给人们不一样的心理感受和精神享受。

## 2 光环境的定义

在建筑中，“环境”代表的是人们在使用建筑时，对于建筑物内部或外部所产生的生理、心理和社会意识的总和。对于光环境领域的研究，内容包括天然光环境和人工光环境；光环境对人的生理和心理的影响；光污染的危害和防治等。它是在光度学、色度学、生理光学、心理物理学、物理光学、建筑光学等学科的基础上发展起来的。

安藤忠雄最有代表性的作品——光之教堂。光之教堂体现了安藤在自然与建筑间构建的哲学框架，光可以像混凝土结构般定义并创造新的空间感

柯布西耶设计的朗香教堂中最有趣的部分就是那些分布在墙上的零星窗口。他采取了在立面上开孔的方法，通过夹层墙间的锥形窗以增强礼拜堂内的光线。每一堵墙都被大小各异的方窗照亮，连同朴素的白粉墙一起共同赋予了墙体以明亮的特质，这些特质则被更强烈的直接光照打断。礼拜堂宣讲坛后的墙体之上，光照效果产生了斑点般的图案，好似星光闪闪的夜空，稀疏的开窗被十字架上方一处巨大开口倾泻出的光照所赞美，不但创造出了一种强大的宗教图像而且还具有变革性的体验

# 3. 室内光环境的基本要素

室内光环境是一个由光、空间以及介质组织和穿插起来的复杂系统，它的三个最基本要素即光、空间和介质，彼此间的相互作用便完整演绎出了我们所依存的室内光环境。

## 1 光

光从本质上讲是以电磁波形式传播的一种辐射能量，这种能量可以从一个物体传播到另一个物体，在传播过程中无须任何介质作为媒介。“光”这个概念，从不同的角度、不同的层次可以有不同的理解。字典中光的释义为：照耀在物体表面上，能使视觉看见物体的那种物质，如灯光、阳光等。从物理学角度讲：光是电磁波，是所有形式的辐射能量。

通常，人们却是把对光的感觉，即光刺激眼睛所引起的感觉叫作光，更通俗一点，这种感觉就是“亮”。但并不是所有的辐射都能引起人们这种“亮”的感觉。人们所说的“光”或“亮”指的是能够为人眼所感觉到的那一小段可见光谱的辐射能，其波长范围是 380~780 纳米。长于 780 纳米的红外线、无线电波等，以及短于 380 纳米的紫外线、X 射线等，都不能为人眼所感知，因此就不属于“光”的范畴了。

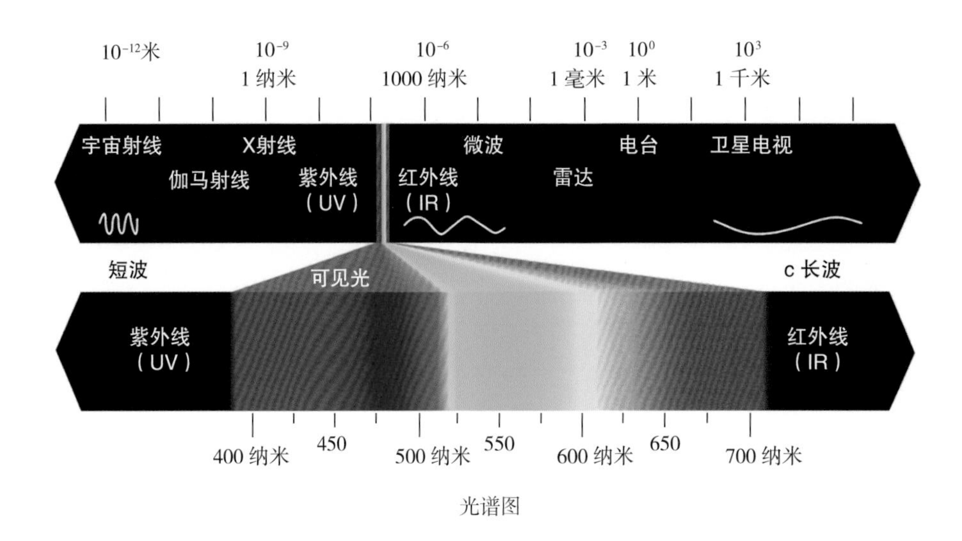


光谱图

然而即便是可见的辐射光谱部分，作用于人眼的效果也是不同的。有的光谱段作用较强。使人们的视感觉比较明显，而有的光谱段则对人眼的作用较弱，甚至让人很少察觉到或完全察觉不到。可见，光不仅是一种客观存在的能量，而且与人们的主观感觉有着密切联系。由此，光的本质包含三层含义：

一是可见的辐射波；

二是视觉器官的视觉特点通过它获得与外界接触所得的信息，使人们看到周围物体的形状、大小、色彩和位置等特征；

三是两者作用所引起的感觉效果。通过它在人们的生理、心理上形成不同的感受从而影响到人们的行为。

## 2 介质

介质在这里包括室内环境中的装饰材料、家具甚至是建筑的主体等。这些介质共同的特点就是它们都在室内空间中与室内的光发生相互作用。当光照射到这些介质上时会出现反射、折射、透射和吸收等现象。介质在室内光环境系统的构造过程中有重要作用，介质选择正确才能产生很好的质感和光感，从而营造出良好的室内光环境系统。

室内光环境中的介质大致可分为两大类：

一类是实体介质，主要包括所有不透明的建筑装饰材料和家具等。如涂饰、木质的门、金属装饰材料、帘、墙纸和各式家具等。

实体介质的特性是能够阻挡光或吸收光，使光的传播路线发生方向性的改变。另外在阻挡光的传播时就产生了影子，形成了光影的效果。在发生反射的情况下经过多次反射能形成带有介质固有色彩的光环境色

另一类是虚体介质，这类材质是能够透过光线的，包括透明的介质，如玻璃以及透光的材质如浅色的石片、透光的灯罩等。

透光介质可以允许部分光透过。在光的投射过程中由于光的折射、透射、色散作用以及介质本身颜色的选择性过滤作用，光的颜色会发生较大的变化，这也是室内光环境形成的重要作用因素。虚体介质的正确选择能在很大程度上提高室内光环境的装饰效果

### 3 室内空间

室内空间有两个特点：首先，室内空间是有范围限制的，不管是封闭的空间还是开放的空间都有其范围，不可能是无限；其次，室内空间是一个立体的事物，在室内空间中存在着多种维度，这些维度之间是存在着联系的。

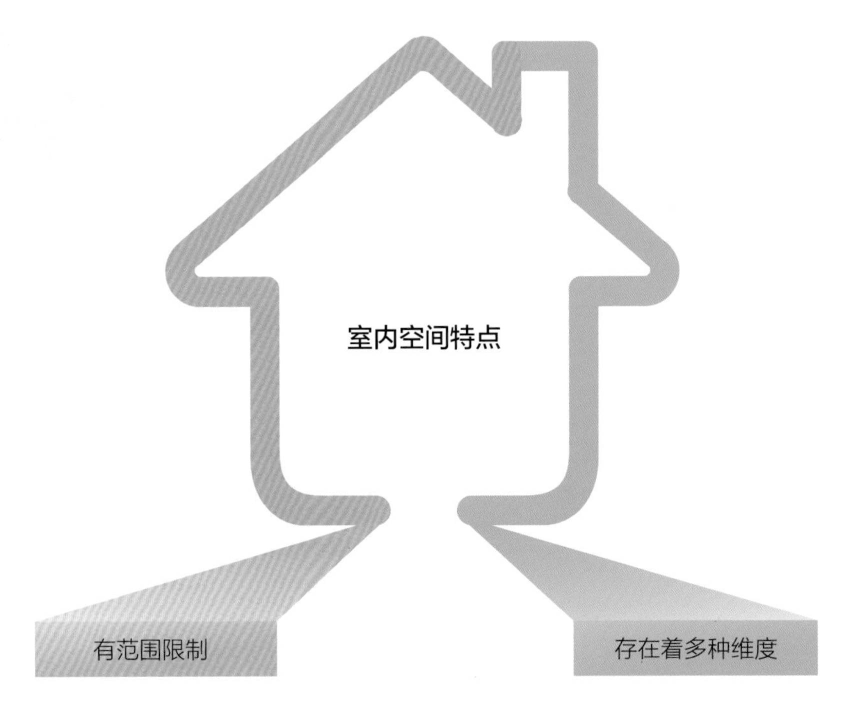


室内空间特点

对于室内空间的定义是多种多样的，简单来说，室内空间是人类开展各种日常活动，以及精神活动的所有建筑内部场所。室内空间虽然在范围、尺度和时间等维度上是有限的，但是这些限度反而为良好的室内光环境的形成创造了良好的条件。光线在有限的空间内传播时，会发生反射、折射和散射等多种现象，而通过对这些现象的把握就可以将室内空间光环境的视觉效果展现出来，提升室内空间的氛围。

在室内空间中存在着各种不同的建筑材料和装饰材料，光通过这些材料之间的作用会出现千变万化的光环境，这就为控制和调节室内空间提供了有利的条件。整个光环境系统是处于室内这样一个有限并且多维的空间中，正是室内空间的有限性才使得营造出更好的光环境成为可能。由于空间所具有的多维性质，光环境在这样不断变化的室内空间中也是会随着对不同维度的进一步认识，对于光环境的设计和调控也必将不断地前行。而室内空间也随着光环境的不断进步发生着变化，最终会产生更多的维度变化，空间内容也必然更加丰富。

如果将“光”比作一支画笔，那么室内空间就是一张画布。室内空间是室内光环境存在的基础，同时处于空间中的光又对空间进行着限定和再造。当两者处于一种协调的、紧密的联系时，整个室内空间就形成了一个蕴涵着功能与审美的室内光环境系统

# 室内空间的特征

## 空间的构成

如果对形形色色的建筑形态进行分解，则可得到点、线、面、体等空间构成要素。室内空间也同样，是由顶面、地面、墙面所包容的整体体量所构成。六大面可组成单一式空间，多个单一式空间又组成复合式空间。空间的性格是空间环境在人的生理和心理上人格化的反应。由于构成空间的各种素材不同、形状不同，以及景物、比例、照明、色彩、材料等的变化，会形成各种不同性格的空间，如温暖的空间、寒冷的空间、亲密的空间、明亮的空间、黑暗的空间、恬静优美的空间、典雅古朴的空间等。

## 空间的分隔

室内空间的分隔是各种各样的，可以按功能需求做各种处理。立体的、平面的、相互穿插的、上下交叉的，加上采光、照明的光影、明暗、虚实、陈设的简繁以及空间曲折、大小、高低和艺术造型等手法能产生形态各异的空间分隔。

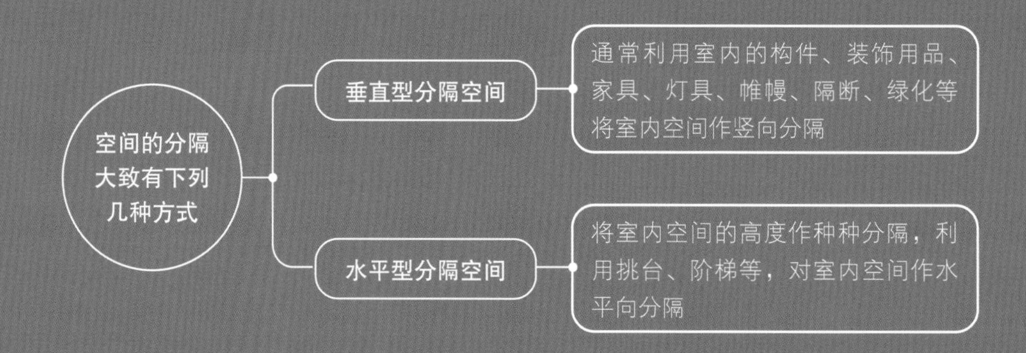

## 空间中的门与路

形状各异用途不同的空间，其布局都要按不同的功能进行安排，以达到使用方便的目的。这里首先要遇到的问题是通道与开门，通道应有顺序有流线布置，门则是和通道密不可分的空间进出口。对进出口和通道进行合理布局也是设计中重要的一环。门有开敞的，也有封闭的，开敞的门使空间隔而不断，封闭的门使空间产生私密性。设计时可将门与通道调整的有节奏、有规律，使室内布局产生变化。

## 4. 室内光环境的内在关系

室内光环境中的基本要素包括光、空间和介质，正是这些基本要素构建了室内光环境系统的主要内容。三大基本要素之间的相互关系构成了室内光环境中的主要关系，这些关系主要包括两个方面：一是光与空间的关系，二是光与介质的关系。

### 1 光与空间

光与空间都是无法触碰到实体的，但是它们又是实际存在的，并且两者之间有很多相似性，相互渗透又彼此依赖。光可以塑造空间形象，光让我们能够清楚地认识空间，同时光还能对空间进行二次的创造和再组织。光对空间的区分和限定可以通过与建筑实体构件或者装饰材料之间发生各种作用来达到。

一是用光来勾勒空间，即是仅仅照亮空间的边界，也会使空间获得清晰明确的形态；

二是通过亮度差异来区分不同的空间，明暗的对比和差别能对空间进行清晰的区分，这种区分是基于对空间性质的改变而完成的。各种空间的性质决定了其功能，为了满足不同的需要，就可以通过亮度差异来实现；

三是通过亮度差异调节空间尺度。如果要想空间有更宽敞的视觉效果，那么在不改变空间实际大小的情况下，最简单的方式就是增加空间的亮度，这样整个空间就会有更大的空间感。但是，这种情况也不是绝对的，有时候在黑暗中往往因为恐惧等感觉而对空间的感知发生很大的偏差，在很小的一个空间内也会以为是处在很大的空间里。相同亮度和均匀的光线给不同性质的空间铺上一个统一的基调，可以使人在空间通行时，对空间的心理感受保持连贯性、一致性和流畅性。光在统一空间基调时主要是通过亮度的差异，从而形成一系列明暗变化、各具特征的室内空间光环境。在通常情况下，空间连贯性的创造是通过尺度变化和材质变化来完成的，而在某些空间尺度统一、材质单纯的设计中，光则充当着创造的主角。

灯具发出的光在传播过程中被顶面的板材阻挡，让光反射之后进入人眼中，增加柔和感

## 2 光与介质

光进入人眼中一般有两种途径，一种是由光源直接发出，然后经由空气等介质直接进入我们眼中；另一种则是由光源直接发出，然后在传播过程中遇到其他介质（这些介质可能是透光的，也可能是不透光的），通过透射、折射或反射等一系列过程，最后进入人眼中。

因此，光在室内环境中进行传播时，会与实体介质与虚体介质发生作用。遇到实体介质时，光会被反射出去或被吸收掉，此时光在前进方向上受阻，在介质边缘处的光则能刻画出介质的形态并投射到背景上，从而形成丰富又变化莫测的光影效果。如果光遇到的是虚体介质，则可以使光的强度、颜色和方向发生变化，这样室内空间就会产生不同的视觉感受。例如，当光与虚体介质中的镜面等介质发生作用时，则会虚拟出一个相对的虚拟空间，并同时形成完全不同的光照与空间的感觉。

介质本身的特性各不相同，其中包括各自的颜色、质感和纹理等。这些材质本身特性所表达出不同的设计语言，如果能恰当地利用，就能配合照明手段形成适宜协调、内涵丰富的室内光环境。

# 二、室内光环境设计的基本概念

在发明人工光源之前，人们对于自然采光对室内空间的影响更加地关注，后来随着人工光源的逐步发展，人们对于轻而易举就能得到的光变得重视起来，从而渐渐衍生出了室内光环境的设计。

## 1. 光环境设计的含义和作用

### 1 光环境设计的含义

光环境设计，也可以成为照明设计，是指人们利用自然的和人造的物质条件，以改善人类的生存环境，提高人类的生活和生产质量为目的，对自然光和人工光进行科学的管理和规划，创造出满足人类物质和精神需求的光环境的一项活动。其内容主要包括对光进行功能性设计和装饰性设计。

第一种，光的功能性设计。光的功能性设计是指借助光的物理性能和光学性质满足人们基本的采光、照明需求。即使室内环境的不同、功能的不同，但是任何室内空间都有一定的明视条件，除了自然采光以外，人工采光能够以其光通量、照度、亮度等光度量提供这种条件，从而满足视觉功效，提高工作效率。

第二种，光的装饰性设计。光的装饰性设计目的是满足人们的审美和精神需求，利用光这种媒介创造具有特殊艺术效果的环境。在室内设计中，光的强弱、光色的冷暖、光晕的大小、光形构图及光的照明形式、光影关系都给建筑室内气氛以极大的魅力。

运用光的强弱控制，在需要对比强烈的时候，利用直射光线的强照射，产生聚光灯照射效果，气氛明亮热烈，刺激人们的视觉，形成抢眼的视觉中心。光在聚焦视觉重点，突出核心形态方面是其他手段所无法比拟的。相反，在休息空间，使用漫射光的照射，亮度对比较低，气氛暗淡柔和，从而形成虚的空间

## 2 光环境设计的作用

光是室内设计中不可回避的一个独特元素，光对建筑环境内部的主要作用是为人们提供良好的光照条件，以获得最佳的视觉效果。但随着科技水平的提升，我们对于光的设计不再仅仅满足于照明的需求，更多的是追求一种与光共存或者由光创造出的美感。

第一个作用，营造氛围。室内空间作为人们生活、工作、娱乐的重要场所，应该具有舒适性和合理性，照明作为室内空间基本功能之一，在实际运用中不单单起到美化、装饰的作用，光环境特有的艺术魅力可以给人们带来愉悦感，也能给人们带来视觉上的享受。由于人们所获得的信息有 80% 来自光引起的视觉，光环境对于人的精神状态和心理感受也会产生影响，通过对光色的掌控进而控制整体环境氛围，使环境氛围或生动活泼或庄严肃穆。

空间利用玻璃砖作为隔墙，不仅增强了空间感，而且玻璃砖通透的材质质感，让光线能够自由地进入室内，其表面粗糙的工艺，则保证了私密性

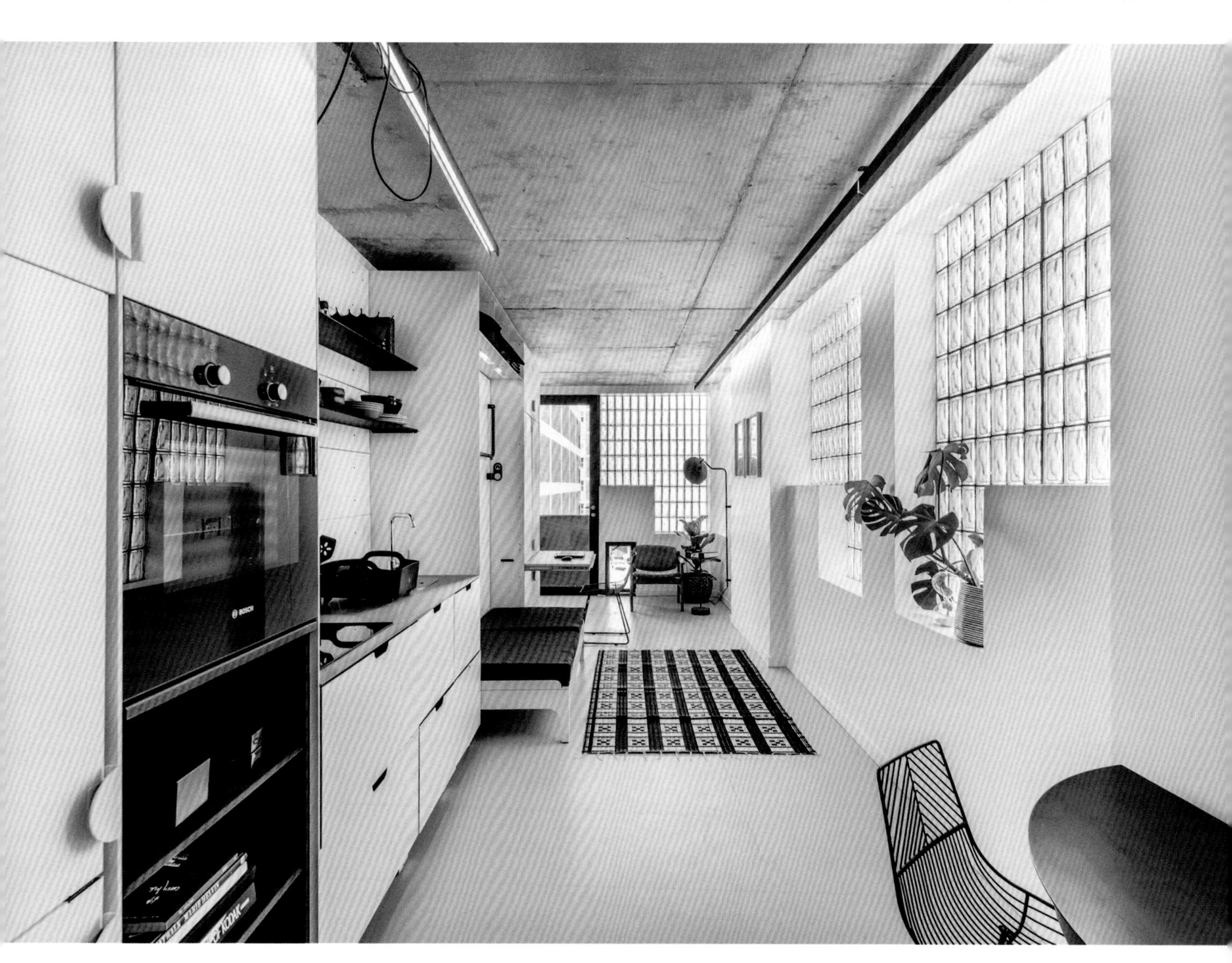

对于简约式的室内空间，用光来营造氛围能够不给原本简约的基调增添负担，但是光影的结合，让室内的氛围不会过于的单调

第二个作用，增强空间立体感和层次感。在室内装饰设计中有一部分的视觉对象，如家具、植物、装饰工艺品等需要更强的立体感，但自身又无法做到，这时通常会借助光的作用，光线的照射会增强物品的明暗对比度，使物品在视觉效果上变得更加具有质感，立体效果更强。同时，光线照射下的物品不只有黑白两色，而是黑白之间的过渡，物体极具层次感，使得物体在增强立体效果的同时显得不突兀。

第三个作用，增强空间感。由于光的传播范围可以被限定，因此只要合理利用光环境就可以有效达到增强空间感的作用。例如，旅馆中洗浴间经常会采用玻璃隔墙，除了增加美观、节省空间的作用外，还可以利用光线的折射和反射有效增强空间感，入住的客人在心理上会自然放大空间。同样，有一些小型餐厅、咖啡馆等也会在墙面上放一面镜子，增强室内空间感。这些都是借助了光线的结果。

借助冷暖灯光来突出橱柜中的商品，暖色光让食物看上去更加美味、可口

# 2. 光环境设计的基本原则

光环境设计应该遵循三大原则，整体性原则、需求满足原则以及可持续发展原则。

## 1 整体性原则

光环境设计中的整体性原则会决定最终设计呈现效果的优劣。整体性原则主要指的是两个方面：

第一个方面是指在光环境设计的过程中，应协调照明系统与人的关系，以及照明与其他设计要素之间的关系，如人的审美需求、建筑结构、设计风格与色彩、建筑材料等因素；

第二个方面是指设计之初，设计师这已制定本设计项目的整体性原则，其光环境照明功能的分级、资金的投入、耗能的预估、灯具的风格等一系列定位，均是在整体性原则下展开的。

## 2 需求满足原则

需求满足原则是指一方面满足人的认知需求，另一方面满足人的审美需求，这两方面的需求实质上构成了整个光环境设计的最终设计目标。

## 3 可持续发展原则

可持续发展原则实质上是以环境的整体和谐为目标，将第一自然环境与人类创造的第二环境的发展结合起来，以生态保护、合理分配资源为核心，创造可持久生存的环境。

在设计时要充分考虑利用自然光，提供有利于天然采光的建筑条件和有利于照明的室内环境。如：有利于采光的开窗位置、有利于照明的室内材料反射率等；最好能够提供经济技术指标良好的照明节能方案，例如，符合绿色照明要求的显色性、色温、照度，符合照明舒适性的统一眩光值、均匀度等。

良好的照明环境也可以促进工作的积极性

认知需求：光环境设计提供优良的照度，以满足使用者从环境中迅速获取大量信息的需求，帮助空间行使特定的使用功能。

审美需求：一个良好的照明环境，不仅可以为使用者提供良好的物质环境，也能唤起人的审美感受。人在感受光线带来的丰富精彩的变化同时，也在产生综合性的情感变化。例如，一些餐厅的光环境设计非常的讲究，在基础照明的同时，更重要的是创造特定的符合餐厅主题的氛围，不仅如此，还要注意进餐过程中，通过合理的光线塑造人的面部表情，以延长进餐时间和促进消费。

设计时应尽量避免引起生理上的不舒适感，但偶尔会在利用生理可接受范围内的不舒适感，制造一种新的体验过程。另外，人的视觉有相当敏锐度能辨别细微的差异，光环境设计侧重于研究人的视觉体验，特别要关注那些使人产生错觉的独特性，在光环境设计中可以对这些独特性加以利用，创造出具有视觉冲击力的光效，给人们带来新的视觉体验

## 3. 光环境设计的设计依据

### 1 人的感受

人的心理感受与生理感受也是光环境设计的重要依据，人通过各种感官接受外界的刺激，从而对外界产生感知，而感知的综合效应就形成了人的心理体验过程。

视觉、听觉、嗅觉、味觉、触觉构成了人的五大基本感知体验。而人对外界信息的获取，80% 以上都依赖视觉。各种形状、光影、色彩信息共同组成了视觉刺激，这些信息给人的心理既带来正面的影响，也带来负面的影响。这些视觉刺激有时作用于人的心理，例如，光的色彩、形态容易引起人的情绪变化；有时作用于人的生理，例如，光的强度与眼睛等器官的联系更为紧密，因强光产生的眩光，会使人产生眩晕或恶心。

## 2 人的尺度

光环境设计作为环境设计的一个分支，如果无法以人的尺度为设计依据，人们就无法身心舒适地生活，只有以人的尺度作为光环境设计的基本依据，考虑不同年龄段、不同身高、不同体型以及不同生活习惯的人群的特征和需求，才能创造出安全和舒适的环境。

在文艺复兴以前，建筑大师们更喜欢以神或佛的尺度为设计依据，把普通人放在被巨大震撼的位置上。而文艺复兴之后，人们开始更加注重本身的感觉，开始以人的尺度作为一切合集的依据。但是这设计习惯却被工业革命打破，直至今日我们还能看到很多地方都保留着规模化、巨大化的建筑和景观，只有极少数的地方是以人的尺度建造建筑景观。但是在现在，人的尺度也逐渐被提及起来，也越来越受到关注。

考虑到大尺度的光环境设计，更大程度地为空间使用者打造舒适的光环境

第二章

# 室内光环境设计的分类

光在我们的生活、学习、工作中有着不可替代的作用，我们对其也有一定的依赖性。因此，光作为室内设计中的重要元素，在室内装饰中起着举足轻重的作用。在我们日常生活中见到的照明方式无非分为两种：一种是自然采光带给我们柔和、温暖的光线，另一种就是在夜晚或者自然光照不足时使用的人工照明。

# 一、自然采光设计

自然光作为基础的、重要的光源，在室内设计中既充当了主光源的角色，又发挥其渲染气氛的作用。在空间设计中可以根据空间的采光特点来设计，通过新技术、新材料，在需要的时候最大限度地将自然光引入室内环境，融进生活空间。

## 1. 自然采光概述

### 1 自然光的组成

自然光是一种安全高效的能源，取之不尽，用之不竭。自然光主要可分为直射光和天空光，两者都来源于太阳光。直射光是直接从太阳发出来，没有经过任何介质的光，而天空光是通过空气中的颗粒散射、反射出来的光。一般来说，在直射光无法直接用在室内，就像灯具需要控制眩光一样，直射光也需要精准地控光，否则直射的阳光会造成很强的亮度对比，让人眼睛不舒服，反而会降低效率，严重的会引起视觉疲劳，影响视力。但是天空光不同于直射光，可以直接利用于室内。对于那些对视觉要求不高的空间，例如楼梯、过道等，可以应用天空光而不用考虑复杂的控光设计。

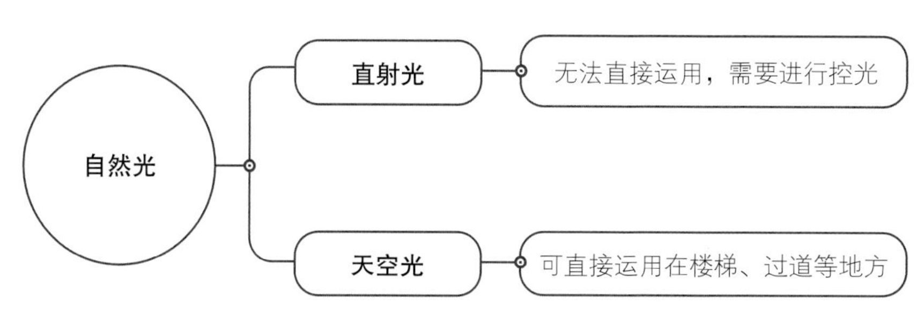


自然光的分类

直射光和天空光这两部分共同组成晴天和多云天的自然光线。其中直射光所占的比例会随着天空云量的增加而不断减少。其强度主要受大气透明度和太阳高度角所控制。太阳高度角越大，大气透明度越高，直射光照度值就会越大。一般晴天中午在阳光下的室外照度可高达 80000~120000 勒克斯。由于直射光亮度和照度太大，变化很快，为防止眩光或避免房间过热，采光设计时需要适当遮挡或转变成反射光加以使用，避免直接使用。

全阴天时室外自然光全部为天空光。天空光的强度主要受云状、大气混浊度和太阳高度角的影响，只是它们自身的变化没有晴天变化剧烈，一般中午室外照度在 8000~20000 勒克斯。全阴天的天空亮度分布则相对稳定，天顶的顶点处是最亮的，它是地平线附近天空亮度的 3 倍。

## 2 自然光的方向

自古，先人们就懂得利用太阳光的投影辨别时间和方向，是因为天空中的太阳每天都是以规律的方向运动，因此，在相同的时间和地点，随着太阳的运动照射在地面的自然光有一个统一的方向，并且这个方向在不断地变化着。在室内光环境设计中，这些不同方向的自然光能够为空间带来不同的光影效果，从而影响空间的整体氛围。自然光基于太阳运动的方向性，在不同的方向有不同的特点，随着时间的推移而不断变化，而在光环境设计中综合考虑这种自然光方向上的变化，则能够使空间增加动感，在不同时间展现不同的氛围。

玛丽·古佐夫斯基在《可持续建筑的自然光运用》中曾提道：“使用南北向采光的空间中，南北两面主墙上总是会有一面墙一直处于阴影中，而另一面墙壁则是留下斑驳的光影，随着时间在推移，在空间中的墙面上光影落下又升起，南北向自然光的这种循环需要持续一年。而使用东西向采光的空间内，光影的循环则在一天之内。东西两面主墙可以在一天中的不同时间沐浴在自然光下，清晨，来自东方的温暖的自然光照进空间内，在墙面上留下阴影，随着太阳不断升高，自然光的方向不断变化，阴影从墙面滑到地面上。过了正午，自然光的方向由东方变为西方，阴影又慢慢地从地面扩大，最后滑上另一面主墙。”

白天的自然光

夜晚的自然光

## 2. 自然采光的设计形式

自然采光设计中主要考虑因素是开窗的大小以及距离工作面的高度。显而易见的是，窗户越大，进入室内的自然光就越多，但是起决定性因素的是窗户的高度。窗户的高度越高，自然光能进入室内的距离就越远，并且足够高的窗户还能防止室外的高光造成眩光。从高处引入的自然光经过室内各个表面的多次反射后，变得柔和均匀，大大提高了可视性和视觉舒适度。室内采光的设计形式有侧面采光设计和顶部采光设计两种。

### 1 侧面采光设计

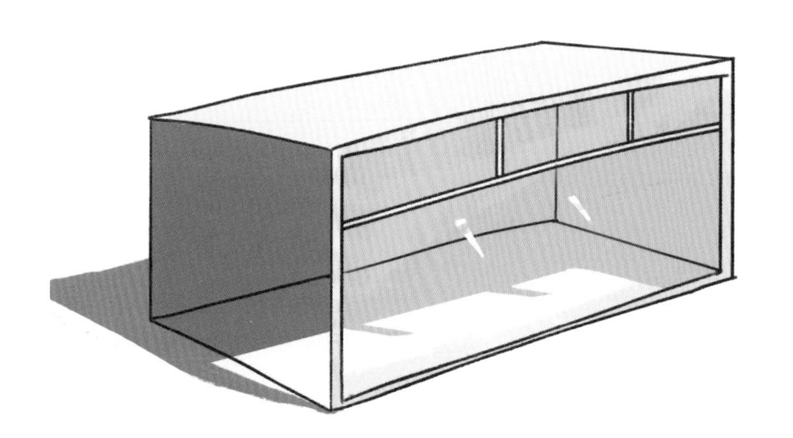

#### 窗户与墙壁平行

如果窗户直接和墙壁平行，经由它照射进来的阳光比较直接，容易在室内形成过于强烈的亮度对比，会让人感到不适，所以最好在侧墙创造反射面，将自然光反射后间接引入室内。除此之外，侧面采光设计要注意随着窗户高度的不断升高，所塑造的空间氛围也在不断地变化。

与墙面平行的落地窗，洒落进来满满的自然光，纱帘和木饰面可以阻拦过于强烈的日光，减少过于强烈的亮度对比

### 窗户偏低于墙壁

这类窗户由于接近地面，自然光可以经过地面反射进入室内空间，在室内营造出类似地灯的效果。并且窗户的位置越低，建筑内外空间之间就越能够形成直接的视觉联系。

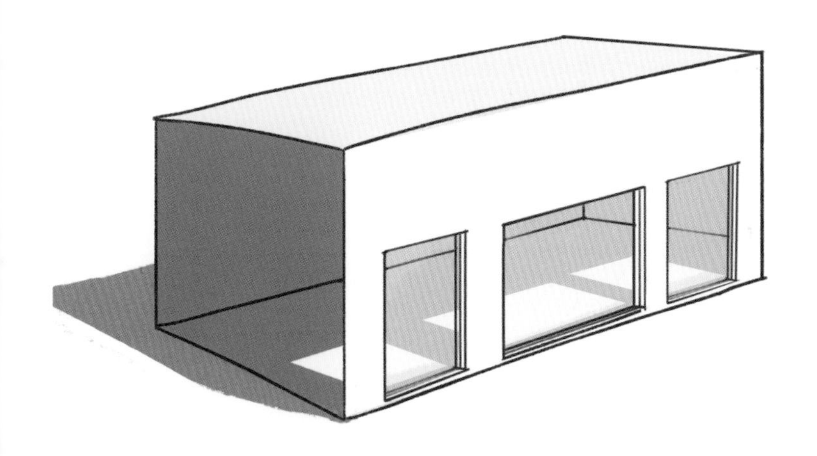

低侧角窗的开启与关闭

可以看到礼拜堂中，在正对祭坛的后方的墙角，在两面垂直的墙面上开了角窗，窗高不超过一米，底部直接连接地面。窗扇采用的是不透光的白色面板，角窗与室外的莲花池相连，当打开窗时，自然光线经由水面的反射进入室内，从背后照射在祭坛上，成为祭坛的光的背景

卡罗·斯卡帕设计的布里昂家族墓园的礼拜堂

## 窗户高度与人视线高度相当

当窗户的位置逐渐升高至中等高度时，由于与人视线的水平高度相当，因此更便于欣赏景观，并且这个位置的窗户的通风条件最好。中等高度的窗户是室内自然采光中最常使用的，这个高度可以将室内与室外自然地联系起来，并将室外的景色引入室内。

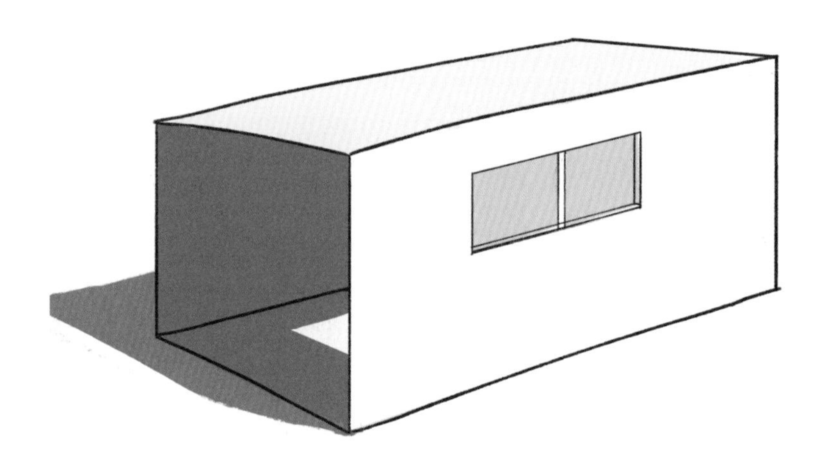

在靠近学习、工作的区域使用的侧窗，使阅读者能够欣赏到室外的优美环境，先受到自然通风和采光

斯蒂文·霍尔设计的圣伊格内修礼堂

在礼堂入口的木门上镶嵌了各种尺寸的椭圆形采光口，白天这些采光口将一块块的光影投射在离入口大厅的墙壁上和地板上，但到了晚上，这些椭圆形的小口又向外散射光线，将室内的色彩和光亮都投射在了室外地面中，椭圆小口的高度与人视线高度相当，所以也为室外的人们提供了向内观看的机会

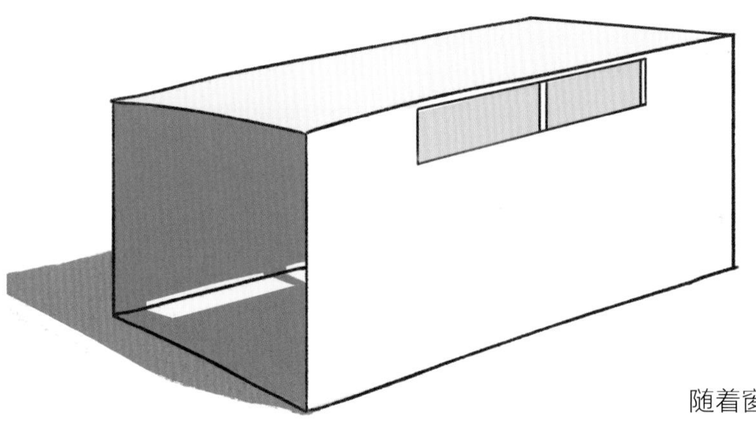

高度中等以上的窗户

随着窗户高度的增加，室内空间的私密性也随之增大，但当窗户的高度超出人的视线水平时，我们就无法看到室外地面景观，此时室内与室外空间的关系从大地转移到了天空。当窗户位置较高时，在其下方的墙体由于没有光线照射，会产生大面积的阴影，与窗口形成强烈的明暗对比，可以塑造出特殊的空间氛围。

卡洛·斯卡帕设计的卡诺瓦雕塑博物馆

斯卡帕没有使用普通形式的洞口，而是使用高角窗将建筑远处及天空的景色纳入空间内。每个角窗都由三片玻璃组成，如同棱镜一样，将天空的景色和光线剪切下来，通过仰望的视线在人和天空之间建立了直接而异样的关联。洞口为展陈带来充足而特别的光线：北向的洞口提供从天花到地面全域的漫射光，南向洞口则为墙面带来线性的光影。这样的洞口为空间带来异常明亮而升腾的感觉，十分契合卡诺瓦雕塑的主题

柏林犹太博物馆儿童世界

西班牙 Molinete 博物馆

## 2 顶部采光设计

对于平房或顶楼的房间来说，还有种采光方法是顶部天窗，通过特殊的采光井或反射装置，天窗甚至还能给低楼层的房间提供照明。天窗有很多种形状和不同的大小，但不论是何种形式的天窗，都是一种有效的采光方式，它对自然光的引导和再分配往往能够赋予室内与众不同的空间氛围。从上方透射下来的光线是投射面积最大、最为均匀、最为明亮的光源，也最能让人联想到天空中的太阳，从而塑造出神圣、神秘的氛围。

在选择天窗位置和尺寸时，要特别注意眩光问题，避免在工作区域视野内能够直视到天窗进来的自然光，可以采用深天井、斜坡墙或遮光百叶等方式来控制直射光。

还要注意天窗的材质选择也要考虑眩光和温度的问题，如果用不透明或乳白色的塑料、玻璃材质，会让人无法直接看到外面，减弱引入自然光的心理调节功能。但如果采用透明塑料或玻璃，又会导致室内温度大幅升高，还会产生眩光问题。这个时候可以在天窗外面加一圈遮光矮墙，避免直射光进入，也就近减少了热量输入。对于天气寒冷的地方，天窗还需要采用双层玻璃，两层玻璃之间要有足够的间隙，以减少室内向外的热损失。

相对于正天窗，侧天窗会更有优势。通常侧天窗是竖向安装的，所以可以避免阳光直射。配合光槽使用，还可以将大量的自然光通过反射引入室内，照亮天花，但是光槽可能会挡住往外看天空的视线。如果侧天窗的朝向和房间的主窗一样，那么侧天窗可以提升房间进深的限制。

对于传统天窗无法引入的房间，可以试试管道天窗。管道天窗一般由三个部分组成：小型亚克力半球罩（用于导入太阳光）、圆柱形可弯曲铝制导光管（内壁涂有反射性涂层）和透明散射出光口（一般安装在室内天花上，用作室内光源）。

侧天窗可以避免阳光直射

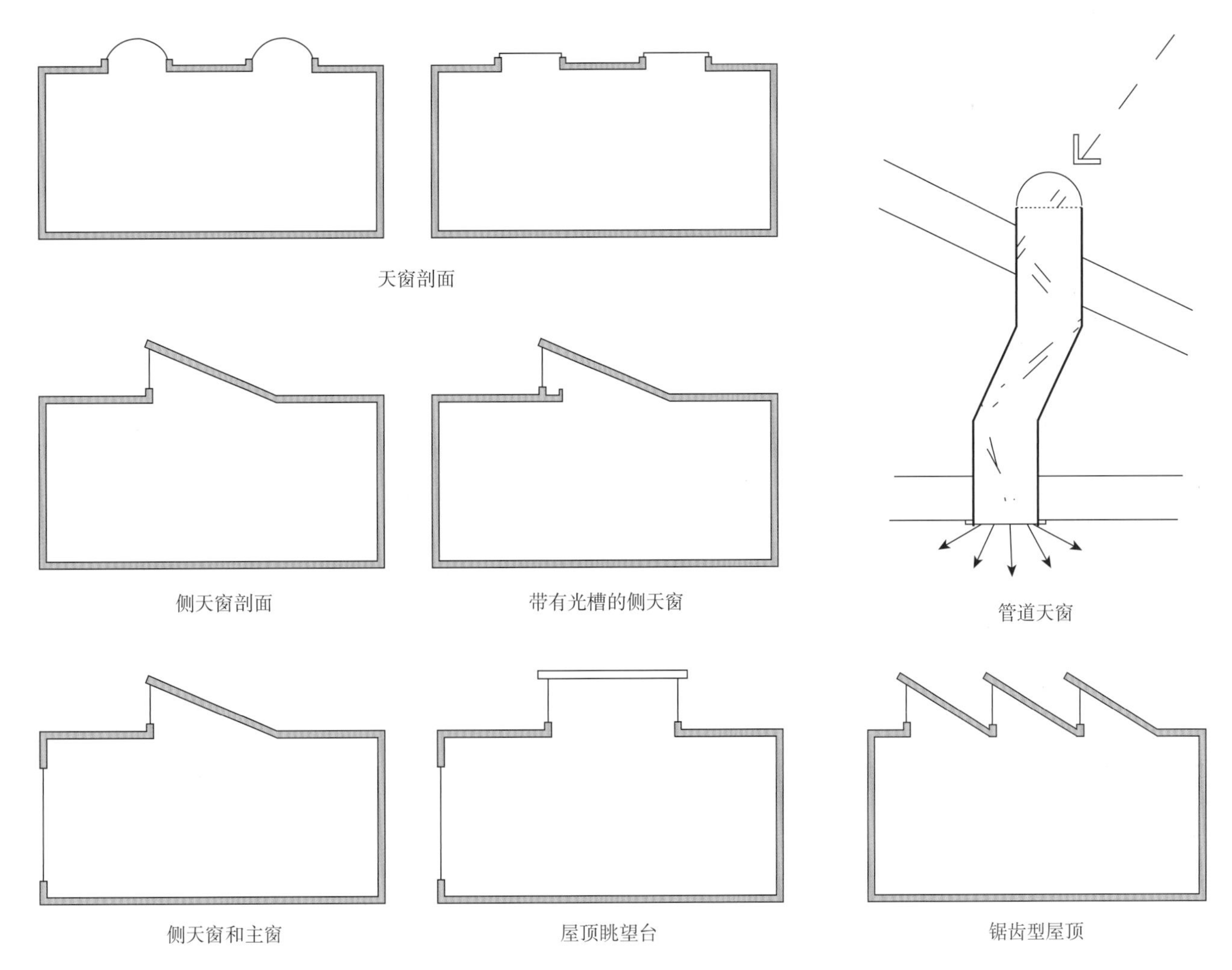

一半天窗可以避免日光的完全
进入而导致的室内温度过高

### 3 侧面采光与顶部采光结合设计

通常情况下，在同一个建筑中，不同高度的窗户能够同时存在，但是要综合考虑空间的功能、性质以及所需的氛围等各种因素，因为窗户位置的不同，会导致通过窗户进入室内空间的光线特点也不相同。

另外，因为窗户的形式是多种多样的，所以不一定要局限在低中高侧面采光及顶部采光中。除了不同位置的窗户同时存在于同一空间中的情况，也有很多空间的窗户位置越过了侧面采光及顶部采光的界限，融合了多种采光口的特点，创造出独特的室内空间氛围。

在这座教堂中设计师用不同位置、不同形式的采光口划分出了不同的空间区域。神殿位于中间，两边分别是偏祭台、祈祷室和圣器室。祈祷室和教堂在同一个空间，上方是涂成白、红、黑三色的圆形采光口，太阳从这里照射下来，就像太阳本身就在那里。在南侧区域，南立面上一扇贯通整个立面的竖向条形采光口将自然光引入教堂空间中，从背后照射在祭坛上

柯布西耶设计的拉图雷特修道院

# 建筑采光设计标准
## （GB 50033—2013）

## 各采光等级才考平面上的采光标准值

| 采光等级 | 侧面采光 | | 顶部采光 | |
|---|---|---|---|---|
| | 采光系数标准值（百分比） | 室内天然光照度标准值（勒克斯） | 采光系数标准值（百分比） | 室内天然光照度标准值（勒克斯） |
| Ⅰ | 5 | 700 | 5 | 750 |
| Ⅱ | 4 | 600 | 3 | 450 |
| Ⅲ | 3 | 450 | 2 | 300 |
| Ⅳ | 2 | 300 | 1 | 150 |
| Ⅴ | 1 | 150 | 0.5 | 75 |

注：1. 工业建筑参考平面取距地面 1 米，民用建筑取距地面 0.75 米，公用场所取地面。
2. 表中所列采光系数标准值适用于我国Ⅲ类光气候区，采光系数标准值是按室外设计照度值 15000 勒克斯制定的。
3. 采光标准的上限值不宜高于上一采光等级的级差，采光系数值不宜高于 7%。

## 住宅建筑的采光标准值

住宅建筑的卧室、起居室的采光不应低于采光等级Ⅳ级的采光标准值，侧面采光的采光系数不应低于 2.0 百分比，室内天然光照度不应低于 300 勒克斯。

| 采光等级 | 场所名称 | 侧面采光 | |
|---|---|---|---|
| | | 采光系数标准值（百分比） | 室内天然光照度标准值（勒克斯） |
| Ⅳ | 厨房 | 2.0 | 300 |
| Ⅴ | 卫生间、过道、餐厅、楼梯间 | 1.0 | 150 |

## 旅馆建筑的采光标准值

| 采光等级 | 场所名称 | 侧面采光 | | 顶部采光 | |
|---|---|---|---|---|---|
| | | 采光系数标准值（百分比） | 室内天然光照度标准值（勒克斯） | 采光系数标准值（百分比） | 室内天然光照度标准值（勒克斯） |
| Ⅲ | 会议室 | 3.0 | 450 | 2.0 | 300 |
| Ⅳ | 大堂、客房、餐厅、健身房 | 2.0 | 300 | 1.0 | 150 |
| Ⅴ | 走道、楼梯间、卫生间 | 1.0 | 150 | 0.5 | 75 |

## 办公建筑的采光标准值

| 采光等级 | 场所名称 | 侧面采光 | |
|---|---|---|---|
| | | 采光系数标准值（百分比） | 室内天然光照度标准值（勒克斯） |
| Ⅱ | 设计室、绘图室 | 4.0 | 600 |
| Ⅲ | 办公室、会议室 | 3.0 | 450 |
| Ⅳ | 复印室、档案室 | 2.0 | 300 |
| Ⅴ | 走道、楼梯间、卫生间 | 1.0 | 150 |

## 展览建筑的采光标准值

| 采光等级 | 场所名称 | 侧面采光 | | 顶部采光 | |
|---|---|---|---|---|---|
| | | 采光系数标准值（百分比） | 室内天然光照度标准值（勒克斯） | 采光系数标准值（百分比） | 室内天然光照度标准值（勒克斯） |
| Ⅲ | 展厅（单层及顶层） | 3.0 | 450 | 2.0 | 300 |
| Ⅳ | 登录厅、连接通道 | 2.0 | 300 | 1.0 | 150 |
| Ⅴ | 库房、楼梯间、卫生间 | 1.0 | 150 | 0.5 | 75 |

## 窗地面积比和采光有效进深

| 采光等级 | 侧面采光 | | 顶部采光 |
|---|---|---|---|
| | 窗地面积比 | 采光有效进深 | 窗地面积比 |
| Ⅰ | 1/3 | 1.8 | 1/6 |
| Ⅱ | 1/4 | 2.0 | 1/8 |
| Ⅲ | 1/5 | 2.5 | 1/10 |
| Ⅳ | 1/6 | 3.0 | 1/13 |
| Ⅴ | 1/10 | 4.0 | 1/23 |

## 3. 自然采光的遮阳设施

自然采光虽有许多优点，但是也存在缺点，主要是直射光容易损伤人眼，另外也会引起室内照度不均，因此需要在进行室内光环境设计中有针对性地采用不同技术加以调节。

### 1 建筑遮阳设施的分类

建筑遮阳设施对建筑的遮阳作用部位主要分成两类：一类是外围护结构采光口部位；另一类是外围护结构非采光口部位，如屋顶、外墙体等。

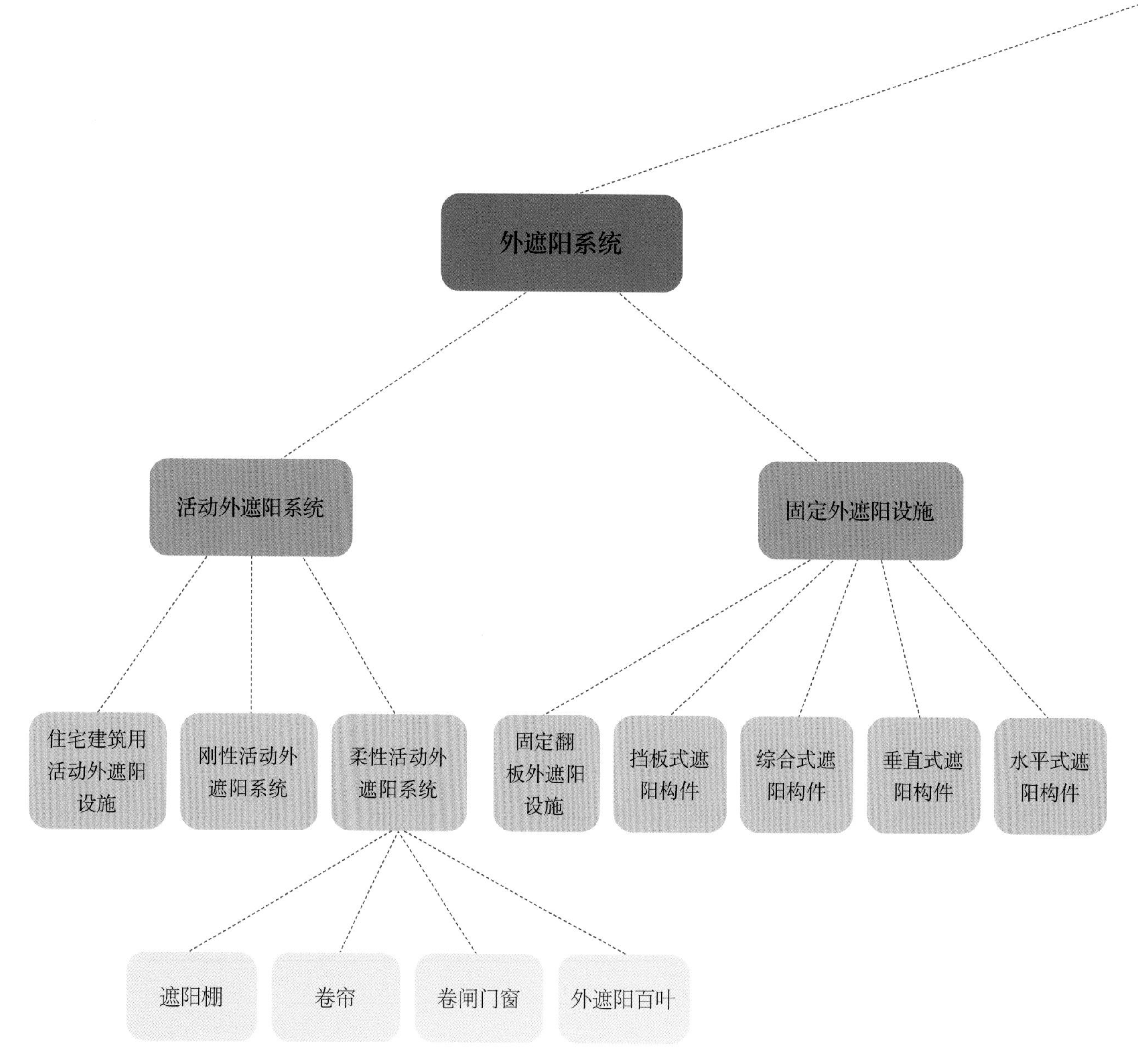

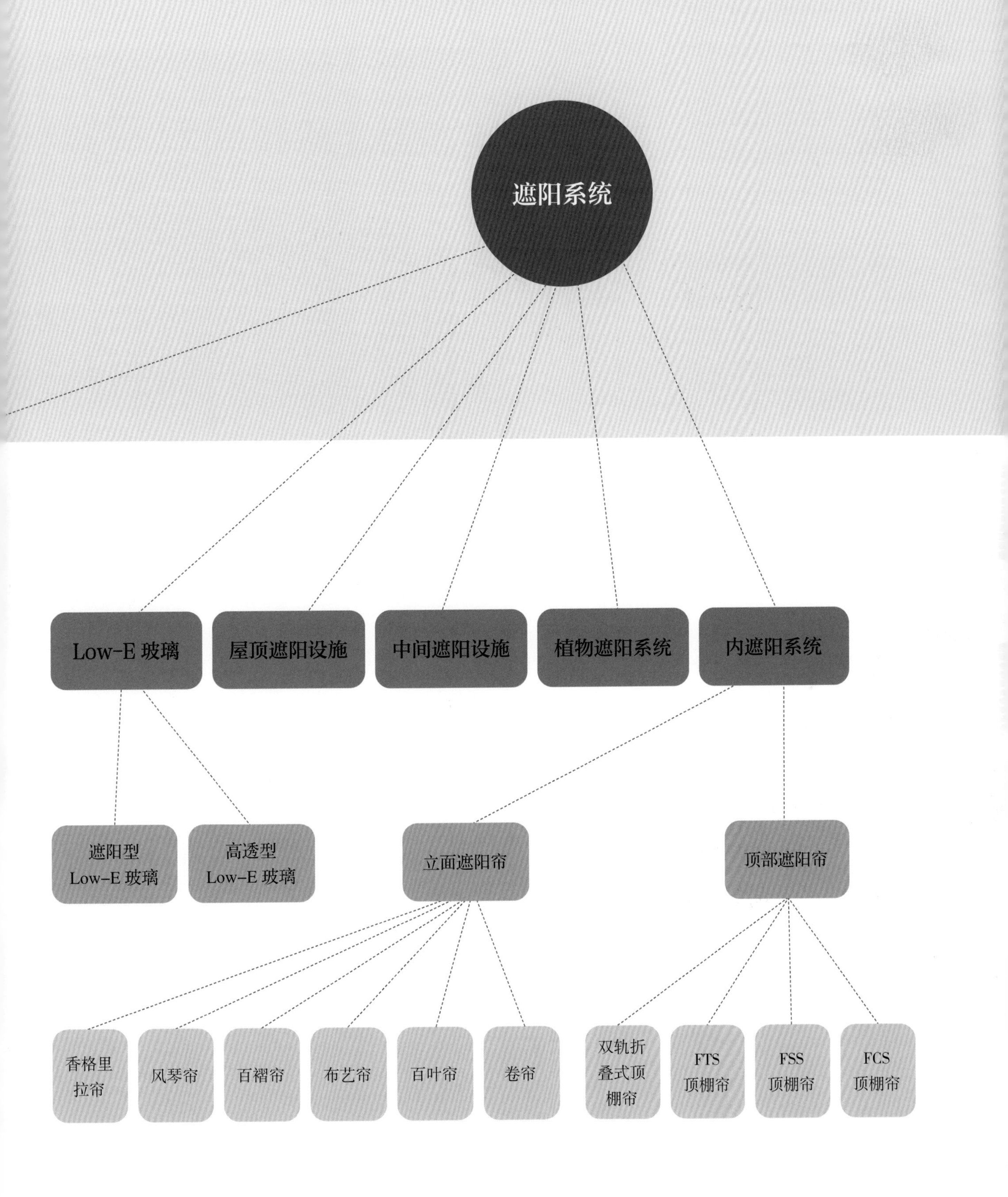
遮阳系统
Low-E 玻璃
屋顶遮阳设施
中间遮阳设施
植物遮阳系统
内遮阳系统
遮阳型
Low-E 玻璃
高透型
Low-E 玻璃
立面遮阳帘
顶部遮阳帘
香格里
拉帘
风琴帘
百褶帘
布艺帘
百叶帘
卷帘
双轨折
叠式顶
棚帘
FTS
顶棚帘
FSS
顶棚帘
FCS
顶棚帘

## 2 室内遮阳设施的选择

单靠玻璃遮阳的效果是很有限的，83%的太阳辐射将被引入室内，所以遮阳装置是必要的。有很多遮阳设施的作用是引导自然光到需要的地方去，同时减少直接眩光。室内遮阳设施可以选择移动式和固定式两大类。

### 移动式遮阳设施

常见的移动式遮阳设施有帷帐、窗帘以及百叶，可以根据需求选择各种各样的纺织物和材质，它们也可以提供任何想要的透光率和反射率，有些甚至可以完全遮挡阳光。如果想要获得更灵活的遮光率，最常见的做法就是使用双层窗帘，一层用来部分透光，另一层可以彻底把光遮住。

而百叶相比窗帘，对光线的控制更加灵活。横向的百叶可以调节角度，将室外的阳光反射到天花并引入室内，这样既增加了室内光线，又不会完全遮挡室外的风景。如果想有更私密的遮蔽感，则可以把百叶旋转到完全垂直。不过百叶并不是完全便利，它需要不时地根据光线的变化来调整旋转的角度。另外其本身也非常容易积灰，需要经常清理，但是也可以通过在内玻璃和外玻璃之间放一层百叶，来避免积灰问题。

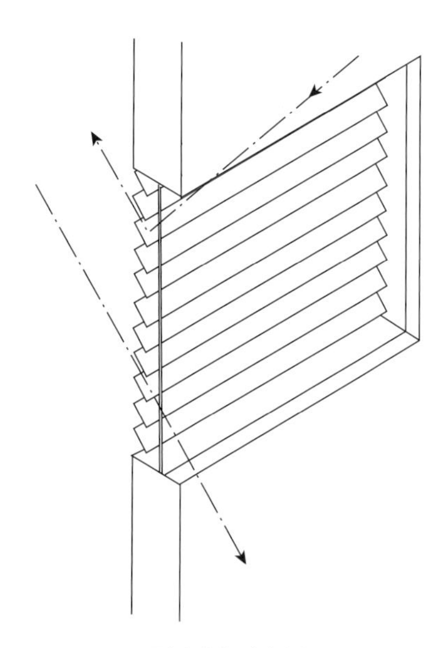

百叶遮阳示意图

百叶窗不仅可以更加灵活地控制光线，并且亚克力的材质又不会完全遮挡室外的风景

竖向的百叶对清晨或傍晚这种角度较低的光线起到控制作用，避免直射引起不适

## 固定式遮阳篷和飘檐

第二类固定式遮阳篷和飘檐，能够遮挡来自窗户上方的直射阳光，减少眩光。遮阳篷还能减少进入室内的自然光，降低窗户附近的照度和自然光进入室内的进深。尽管飘檐可以遮挡进入室内的天光，它们的下表面也会把周围浅色表面反射出来的光线收集并反射进入室内，导致室内光分布更不均匀。

由于建筑朝向的不同，以及地区间光照条件的差异，一般来说设置于建筑南侧的飘檐在控制太阳直射光和热量方面特别有效。夏季，飘檐可以在玻璃窗上形成阴影，遮挡过多直射阳光，但可以让低空中的漫射自然光以及四周的反射光进入室内。到了冬季，太阳直射角偏低，不会被飘檐遮挡，仍能进入室内，给人带来温暖。

如果选择百叶作为固定遮阳设施，那么最好选择蛋格型百叶，也就是横竖结合的百叶，因为它可以同时控制高角度和低角度的阳光。如果仅使用横向百叶，光线会被反射后直射进入室内，造成不适。对于清晨、傍晚时的低角度光线，室内外竖向的百叶特别有效。所以两者结合，才能更好地发挥遮阳的作用。

固定式遮阳篷和飘檐也存在着不足之处，由于其遮阳效果和太阳角度的季节性变化是一致的，但和季节冷暖的变化不完全一致。在北半球，太阳角度最高的是 6 月 21 日，而全年里最热的日子通常发生在 7～8 月，有些飘檐是针对 9 月 21 日太阳角度的遮阳来设计的，那时候天气仍然比较热，但这样的设计不会减少室外热量的进入。

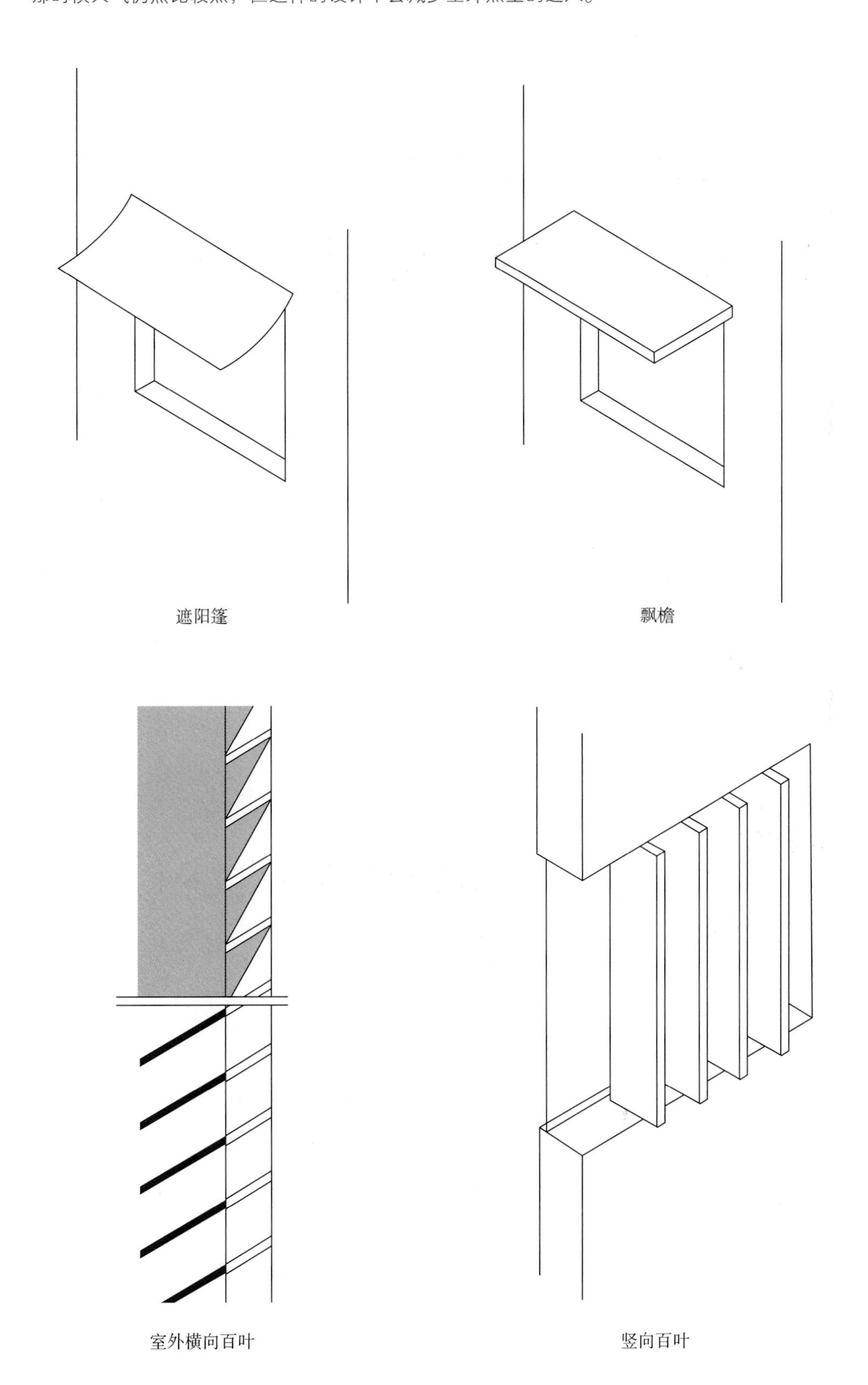

遮阳篷　　飘檐

室外横向百叶　　竖向百叶

# 自然光的调节技术

## 利用遮阳格片改变光线方向

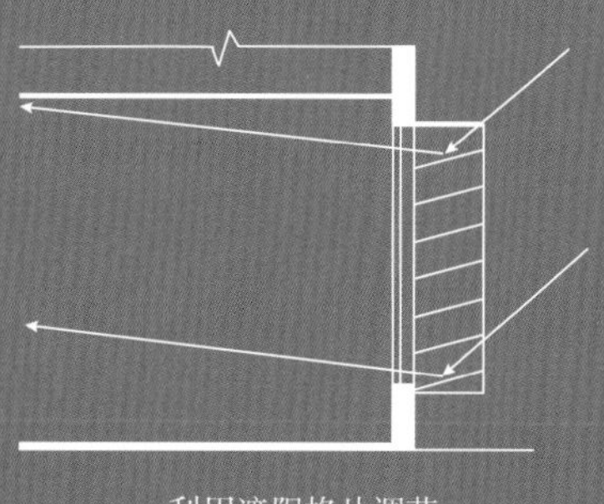
利用遮阳格片调节

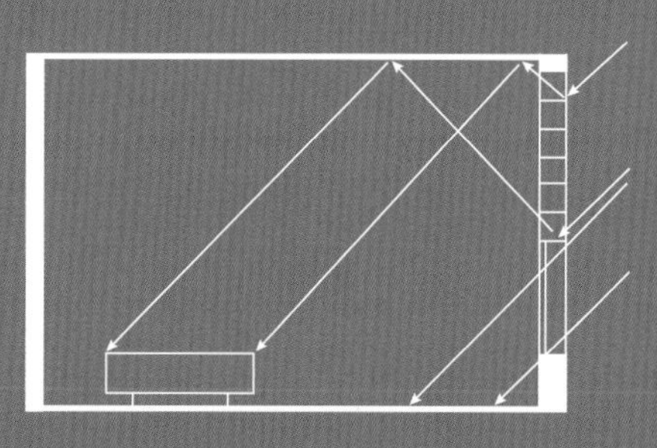
利用玻璃砖调节

## 设置反射板

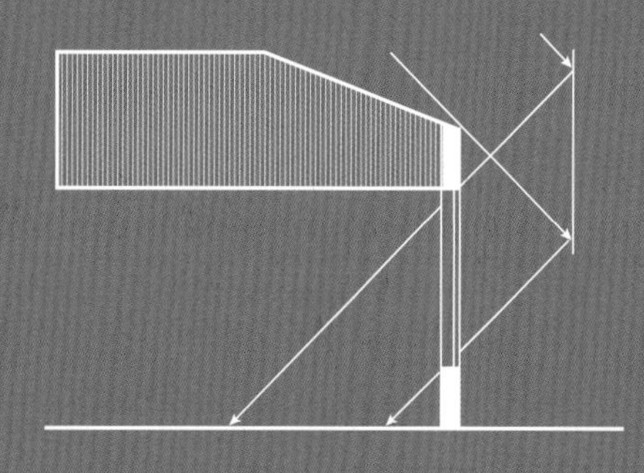
在建筑物旁用反射板调节

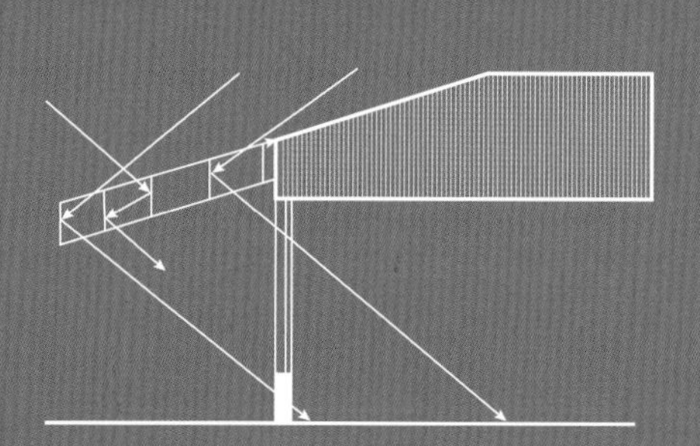
在屋檐口设反射板调节

## 利用棱镜玻璃改变光线方向

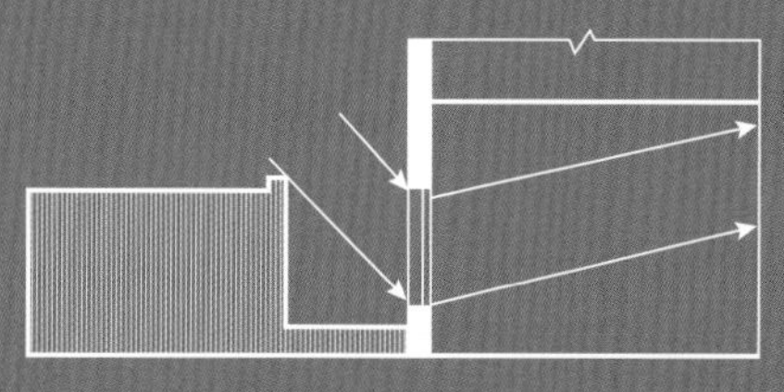
在墙体下部用棱镜玻璃调节

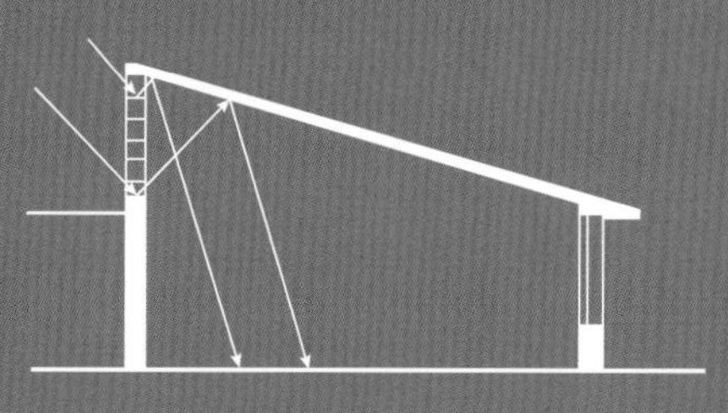
在墙体上部设格片窗调节

## 设置调光板

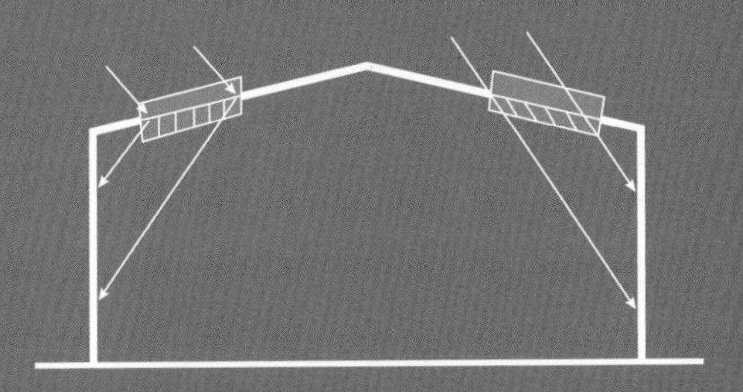
屋顶两侧设调光板调节

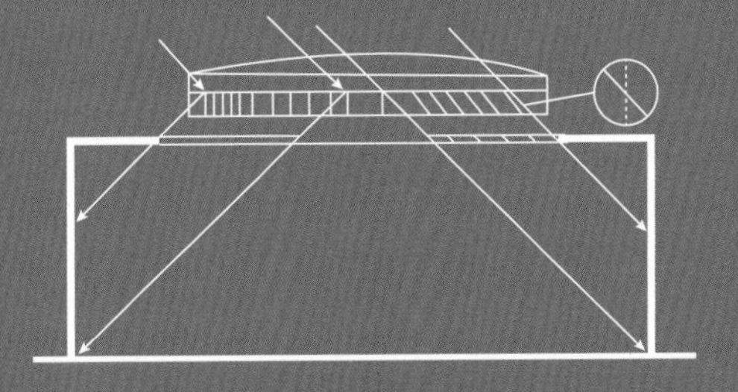
屋顶中心部位设调光板调节

## 利用玻璃砖扩散光线

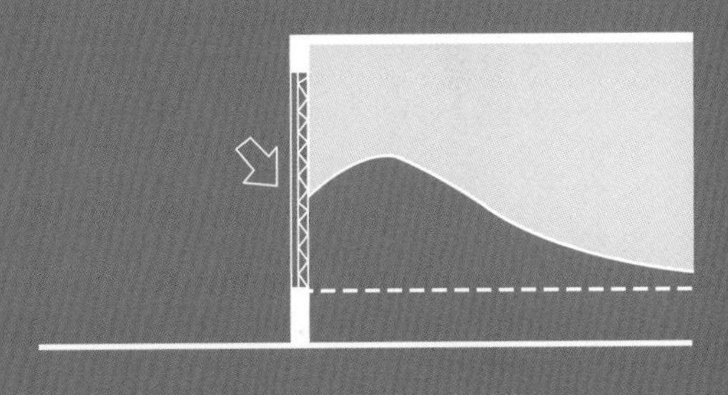
砌筑玻璃砖调节

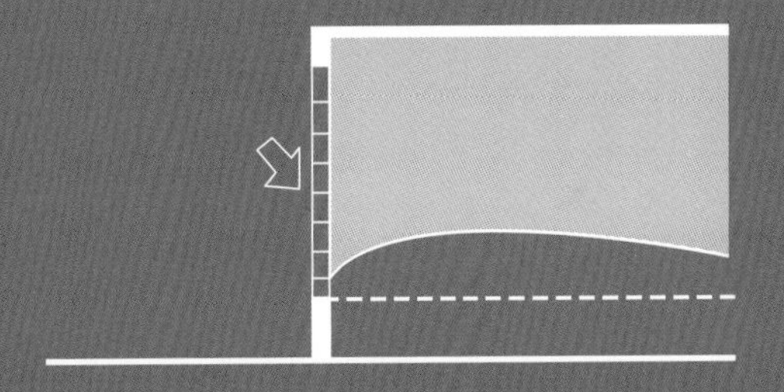
砌筑指向性玻璃砖调节

## 利用地面、屋面反射，增加室内照度

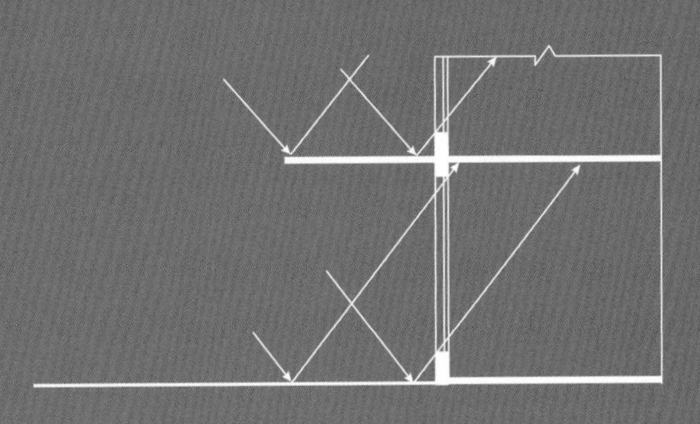
利用地面反射调节

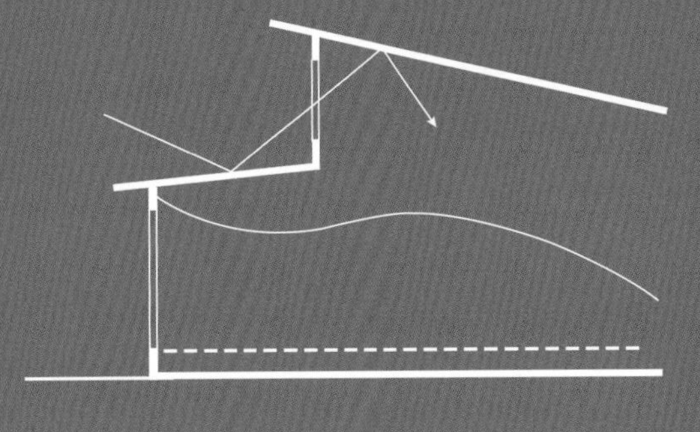
利用屋面反射调节

# 二、人工照明设计

随着建筑密度的增加，人们的居住空间、办公空间、商业空间等也随之增多，在室内空间的光源运用中自然光是最难以捕捉的，它会随时间的变化而改变，这时人工照明便成为补充自然采光和提供夜间照明环境的重要手段。

人工照明应同时满足人心理需求和生理需求

## 1. 人工照明的目的

人工照明的设计目的就是以适宜的光环境来实现空间价值的。自然采光和人工照明是室内光环境的两个组成部分，是人类从事各种室内活动不可或缺的要素。

室内照明的直接目的在于为空间中组成要素提供适宜的光照射，是对室内光环境的完善，以便于人们正确认识所想要了解的对象或确认所处环境的情况。创造满足人的生理与心理需求的室内空间环境是室内照明的进步意义，即满足人的精神需求。人工照明应从发挥基本的明视作用（满足生理需求），塑造具有审美性的环境氛围（满足心理需求）多角度考虑。需要从光色、照度、亮度分布、眩光限制等方面入手，对光源、灯具进行合理地选择与组织。

在进行照明组织的过程中，始终要有一般与特殊的分析和相应的处理。光的显色性对明视照明的作用至关重要，它对事物品质的反映和对人的行为都会产生影响。我们经常会感觉买到的商品与在商场看到的样子有一定的差别，就是因为商场的灯光显色性提高了商品的品质感。在照度方面，要提供符合功能要求的空间整体照度，保证环境的明视需求，同时要适当提高工

作面、主要目标物的照度，这不仅便于工作操作，也可以在环境中对特定目标起到视觉引导作用。亮度的分布更应该考虑不同受光面的特殊性，通过对受光面的光反射特性的分析，通过不同的布光处理，来控制亮度的均匀性和适度的亮度对比，最终形成满足生理与心理双重需求的照明环境。

## 2. 人工照明的方式

所有这些保障照明质量和效果的手段，都要通过一定的灯具组织形式和照明方式来实现，从空间照度分布的差异上划分，可以分为一般照明、分区一般照明、局部照明、混合照明四种基本方式；从灯具光通量上划分，可以分为直接照明、半直接照明、间接照明、半间接照明、漫射照明等照明类型。

### 1 选择空间照度分布要求的照明方式

室内空间使用功能不同，照度分布方式的要求也不相同，进行照明设计，首先要根据光照度分布的使用要求选择符合要求的照明方式。这便要求设计师对空间功能性质进行定位，然后根据照度分布效果选择照明方式。

第一，一般照明。一般照明是指为照亮整个空间而采用的照明方式。一般照明通常是通过若干灯具在顶面均匀布置实现的，而且同一空间内采用的灯具种类较少。均匀的排布方式和统一的光线，形成了一般照明照度均匀的特点，使其可以为空间提供很好的亮度分布效果。一般照明适用于无确定工作区或工作区分布密度较大的室内空间，如办公室、会议室、教室、等候厅等。

一般照明方式均匀的照度使空间显得稳定、平静，尤其对于形式规整的空间来说，更具有扩大空间的效果。从灯具布置方式来说，尽管均匀的排布会显得比较呆板，但是同时也给人比较整齐的感觉。一般照明主要针对的是整个空间，而不是某一个具体的区域，所以总功率较大，容易造成能源的浪费。所以，对于一般照明的供光控制要进行适当设置，根据时段或工作需要确定开启数量，有利于降低能耗。

| 一般照明 | | |
| --- | --- | --- |
| 特点 | 照度 | 适用区域 |
| 通过若干灯具在顶面均匀布置，同一空间内采用的灯具种类较少 | 均匀的排布和统一的光线，形成均匀的照度 | 无固定工作区或工作区分布密度较大的房间，如办公室、教室等 |

以一般照明为主的办公空间照明

分区一般照明对于商业空间非常适用

第二，分区一般照明。分区一般照明是指对空间内的某个区域采取照度有别于其他区域的一般照明，称为分区一般照明。分区一般照明是为提高某个特定区域的平均照度而采用的照明方式。通常是根据空间区域的设置情况，将照明灯具按一般照明的排布方式置于特定工作区上方，满足特殊的照度需要。

分区一般照明不仅可以改善照明质量，满足不同的功能需求，而且可以创造较好的视觉环境。同时，分区一般照明有利于能源的节约。分区一般照明适用于空间中存在照度要求不同的工作区域，或空间内存在工作区和非工作区的室内环境，例如精度要求不同的工作车间、营业空间的服务台、商业空间的销售区等。

| 分区一般照明 | | |
| --- | --- | --- |
| 特点 | 照度 | 适用区域 |
| 提高某个特定区域的平均照度 | 根据不同区域照度要求调整 | 适用于空间中存在照度要求不同的工作区域，如营业空间的服务台、商业空间的销售区 |

为提高照度而进行的局部照明

第三，局部照明。局部照明是指为了满足某些区域的特殊需要，在空间一定范围内设置照明灯具的照明方式。局部照明的组织方式、安装位置都相对灵活，采用固定照明或可移动照明均可，适用的灯具种类也很宽泛，吊灯、壁灯、台灯、落地灯都可以作为局部照明工具。

局部照明能为特定区域提供更为集中的光线，使区域获得较高的照度。所以局部照明适用于需要有较高照度需求的区域，由于空间位置关系而使一般照明照射不到的区域，因区域内存在反射眩光而需调节光环境的区域，以及需要特殊装饰效果的区域等。

在选择局部照明时，可以采用不同种类的灯具，所以在光通量分布方向上具有很大的可选择性。同时，由于可以使用可移动的照明灯具，所以可以产生不同的光效。但是使用局部照明时，一定要注意对光照度的控制，以免出现与周围环境形成过于悬殊的亮度差的情况，从而造成视觉的疲劳。

| 局部照明 | | |
| --- | --- | --- |
| 特点 | 照度 | 适用区域 |
| 组织方式、安装部位相对灵活，适用灯具的种类也很宽泛 | 能为特定区域提供更为集中的光线，使区域获得较高的照度 | 有较高照度需求的区域，例如展示墙、餐桌等空间中特定位置的照明 |

第四，混合照明。混合照明是指由一般照明与局部照明共同组成的照明方式。混合照明实际上就是以一般照明为基础，然后在需特别烘托的地方额外布置局部照明，但对局部区域进行的额外照明并非照明的重复或简单的叠加，其目的是为了对区域性进行强调，或对特定区域的照明效果进行调整，以增强空间感、明确功能性、创造适宜的视觉环境。

混合照明可以说是在室内空间中应用最为广泛的照明方式，其相对复杂的功能和丰富的装饰效果能够满足不同区域的照度要求，也可以做到减少重点照明区域的阴影。混合照明虽然可以起到丰富空间、增加空间装饰效果的作用，但是如果把握不当，也会出现光污染，例如不均匀的照度造成人的视觉疲劳等。

| 混合照明 | | |
|---|---|---|
| 特点 | 照度 | 适用区域 |
| 在空间内形成不同照度、不同方向、不同颜色光线相互交织的光环境 | 为保证应有的视觉条件，应增加区域照度，减少工作面上的阴影和光斑，在垂直面和倾斜面上获得较高的照度 | 适用于餐厅、客厅等家居区域及部分办公区域，如会议室等 |

越南九月咖啡店

一般照明与局部照明共同组成混合照明

## 2 选择光通量分布适宜的照明方式

根据照度的空间分布要求进行的照明方式选择和定位，是对室内照明的明确，侧重于照明目的认定，相当于总体策划。随着照明设计的深入，要对灯具效率、功率，以及整个光环境的装饰性进行考虑，那就需要根据光通量的分布效果确定具体照明方式。按照光通量分布的差异，照明方式可分为直接照明、半直接照明、间接照明、半间接照明、漫射照明五种方式。

第一，直接照明。直接照明简单来说，就是灯具发射的光通量的 90% 以上直接投射到工作面上的照明方式。从光的利用率来看，直接照明方式对光线的利用率高达 90%，其中只有不足 10% 的光没有利用，所以其光的利用率较高，是能源浪费最少的照明方式。

窄照型直接照明灯具在墙上的投射效果

宽照型直接照明灯具可以作为一般照明均匀排布在天花上

直接照明主要是通过光通量分布符合该要求的灯具实现的，而直接型照明灯具可以根据光束角的不同，分为窄照型、中照型和宽照型 3 种。至于直接型照明灯具的选择，可以根据照明目的和对装饰效果的不同追求来决定。

窄照型直接照明灯具光束角小，发射出来的光线非常集中，在同样光通量的情况下，窄照型直接照明灯具的照度高，具有照明目标强、节约能源的特点。窄照型直接照明灯具适用于重点照明和高

顶棚的远距离照明，例如博物馆、展览馆的展品照明，餐饮空间、娱乐空间的重点照明。如果与光通量分布分散的照明工具结合使用，还可以产生光束效果的对比，能形成具有艺术气息的光环境，但由于光束过于集中，窄照型直接照明灯具不适用于低矮空间的均匀照明。

宽照型直接照明灯具的光束角就比窄照型灯具要广，且光束会有扩散性。宽照型直接照明灯具能够应用的范围比较广，适合作为只考虑水平照明效果的室内一般照明所用。例如，酒店大堂、餐厅的公共区域等。但由于其光束的扩散性，所以不适合在高顶棚的空间使用，否则会因为光的散失而造成能源浪费。

总的来说，无论灯具光束角的差异如何，因为直接型照明灯具保证了 90% 以上的光通量投向工作面，所以是最节能的照明方式，但是正因为光通量的集中，所以容易造成灯具上部空间和下部空间亮度的强对比，容易产生眩光。所以在布置时要采取相应的限制眩光措施，保证良好的视环境。

第二，半直接照明。半直接照明是指灯具工作时，发射的光通量中有 10%~40% 是向上透射的，还有 60%~90% 是向下透射到工作面上的照明方式。这种照明方式通常是利用遮光罩的透光性完成的，所以不同透光度和形式的遮光罩，会产生不同的光效。

光照产生的光效有所差异，例如，可以采用半透明透光罩遮盖光源上部，使 60%~90% 的光直接向下照射，作为工作照明，而 10%~40% 的光通过遮光罩投射向其他方向，形成具有柔和的漫射光环境照明；也可以将透光罩的顶部留出透光孔，使部分光通量直接向上照射，从而利用环境产生更多的艺术效果。

光通量分布的特点决定了半直接照明灯具可以自然地形成工作照明和环境照明，使室内具有适合不同需求的照度比。这种适宜的照度比同时也减少了阴影，减轻了眩光效应。半直接照明灯具是最实用的均匀作业照明灯具，被广泛用于办公室、高级会议室的照明。

造型夸张的半直接照明灯具

向上的间接照明在柱面上形成非常理想的背景光，形成向上弯曲的光线效果

第三，间接照明。间接照明方式与直接照明方式相反，它是将下方光源完全遮挡，使光通量的 90%~100% 向上透射，只有 10% 以下的光直接透射到工作面上，间接照明主要是通过顶面或墙面反射获得光线的照明方式。因此，间接照明的光线极为柔和，从使用功能来看，非常适合用在环境或操作对象反光性强的空间，通过上射光灯具或反光灯槽等其他隐藏光源来实现。

间接照明的最佳用途是作为环境照明和装饰照明使用，例如，反光灯槽的合理使用可以形成理想的背景光，称为烘托氛围不可或缺的手段。将光源进行遮蔽的方法在适宜位置使用时，可以产生独特的装饰效果，增添空间的美感。

因为间接照明的光线基本全部依靠墙面、地面等界面的反射获得，所以当界面的光反射率较低时，将造成极大的能源浪费。此外，如果光源距离顶面的距离过近，会限制光线的发射，使照明设施失去意义。

藏在顶棚里的间接照明除作为烘托气氛的作用外，还成为两个分区的界线

将灯罩放在光源的下方，迫使光线向上照射，从而使房间获得柔和、舒缓的光线

第四，半间接照明。半间接照明是指光通量的 60%~90% 向上透射，利用顶棚的反射光作为主要光源，而将 10%~40% 的光直接透射到工作面上的照明方式。半间接照明的形成与半直接照明相同，同样也是利用半透光性遮光罩调整光通量的发射方向和比例来实现的。不同的是，半间接照明是将遮光罩置于光源的下方，而使大部分光通量向上照射，从而使工作面上获得透过遮光罩照射出的柔和光线。

因为半间接照明中的一部分光线会经由顶面反射，所以不利于提高水平照度，虽然它可以软化阴影，但是也只适用于一般性照度要求的空间，如普通办公室、学校，以及娱乐空间、餐饮空间的公共空间等。半间接照明非常适合用于氛围的营造和空间感的塑造，尤其是对小空间的改善。

第五，漫射照明。漫射照明是指利用灯具的折射功能来控制眩光，将光线向四周扩散、漫散的照明方式。在形成方式上，一种是利用半透光灯罩将光线全部封闭，依靠光的透射产生漫反射；另一种是通过反射装置和滤光材料的结合，形成光线的漫反射。例如在发光顶棚中，光源直接照射的光线和反射板反射的光线经由滤光材料（如灯箱片、磨砂玻璃）滤光后，基本失去了方向性，产生漫射效果；而采用磨砂玻璃或半透光亚克力等材料制成灯罩的灯具，同样具有滤光的效果，使得灯具内部光源所发出的光线经由灯罩的折射、过滤后，均匀、柔和地透射出来，形成淡雅的光环境。漫射照明的特点是光线柔和、细腻，不会产生硬光斑和反光，便于塑造舒适的照明环境和优雅的装饰效果。

圆形漫射灯具本身也是装饰品

## 3. 人工照明的设计方法

人工照明设计除了提供基本照明之外，也是对室内空间的调整与完善，从而使空间更加人性化。

### 1 对主次空间进行区别布光

对于综合性空间来说，根据使用与审美的需求，要对空间的功能性质进行区别定位，并采取相应的空间组织措施，例如对主次空间、公共性与私密性空间、流通性空间、过渡性空间等方面的界定和组织。不同效果的照明设计则可以对上述空间起到辅助作用，增强空间的功能感。

一个完整的室内空间，由于功能的不同而存在主次关系，对于主次空间的光环境设计要有针对性和区分性。通常情况下，主要空间和次要空间的照度水平要有所差别，但这并不意味着主要空间的照度一定比次要空间的高，具体的照度选择还是要根据空间功能性质确定。例如，在餐饮空间中，就餐区域是主要空间，照度要求达到较好的水平，通往的过道是次要空间，所以照度只要满足人通过时明视的需求即可，即照度要比就餐区域低。但对于酒吧、茶馆等空间来说，主要空间要求相对较低的照度才能形成放松的氛围，因此主要空间照度要比过道照度低，从而能让过道与主要空间形成一种视觉环境的节奏感。

总体而言，主要空间一般是室内空间的核心，所以照度的定位应该以主要空间的功能和氛围需求为根据，然后再对次要空间的照度搭配定位。在照明的组织手段、灯具的配光效果等方面，主要空间可以相对丰富，形成光环境的主次差别。主要空间照明设计的着重性还体现在灯具形态、经济投入的适当侧重方面。

在营业空间的中心大厅可以选用体积较大、造价较高、视觉冲击力强的灯具来体现特定场所的档次和品位

## 2 满足空间公共性和私密性差别设计

一个空间势必会存在公共区域和私密区域。以居住空间而言，客厅、餐厅等区域因为有时要接待客人，所以是公共区域，而主卧、次卧只有自己家人才能进入，所以是私密区域。因此，可以说公共性的空间具有人流性强、使用频率高的特点，而私密性空间以创造安静、悠闲的氛围为主。

因此，对于公共性空间和私密性空间的光环境设计也就有所不同。公共性空间的光环境设置上，要注意保持充足的照度，因为人流动性强的空间容易形成人员的集中，如果使用低照度设计，会让人产生烦躁、郁闷等情绪，所以要适当提高照度，以明亮的环境舒缓人们的情绪。

私密性空间的使用人群通常具有确定性，在有些情况下，此类空间就需要针对个别需求来进行灯光设计。一方面要根据使用者的爱好选择灯光形式、灯具款式和光源颜色，另一方面要适度降低一般照明的照度，采用必要的局部照明提供相应的照度需求，以虚实结合的光环境塑造静谧、休闲的空间。

具有清爽感、轻松感的公共空间照明

餐厅上下两层的照明设计采用了相同色温和照度的光源，视觉上彼此之间有着共性关系，加强了上下空间的联系性和空间的整体感。但为了给空间增添变化感，二层使用了点光源的形式，一层则使用了线光源，点、线的对比使得两层之间又能保持独立的特性

### 3 加强空间之间的联系性

人在某一空间中的活动绝对不是单一的行为，而是发生系列的行为，并且这些行为有一定的次序，而展开行为活动的流畅程度是依赖于合理的空间流通性，即空间的序列。出于对空间流通性的考虑，光环境设计既要做到功能分区的明确，又要做到对静态和动态的考虑，以及对空间序列的体现。

空间之间的联系可以通过灯具的布置、照度、光通量、灯具形式、光源色变化等手段来实现。为了体现空间的独立性和区域性，可以根据不同的功能采取相应的照度变化，这将特定区域与其他区域形成照度差别，明确了区域性，照度设置的变化也使整体空间不至过于黯淡。

## 4 对过渡空间的衔接设计

当两个功能不同的空间相衔接时，为了缓解突兀感，可以采用过渡空间的形式进行联系。过渡空间的光环境设计，主要是要将两个相邻空间的光环境特征进行融合。例如，以居室的玄关为例，当夜晚室外的光线相对较暗、室内光线较强时，玄关的光环境设计首先要考虑视觉缓冲，即人从较暗的地方到较亮的地方要有一个适应的过程，否则会因为亮度的悬殊变化而引起是视觉的不适，所以玄关的照度水平要介于室外照度和室内客厅照度之间。

餐厅的接待空间要具备情绪缓冲的作用，通过光效的渲染使人感受到餐厅放松的气氛，既起到调动情绪的作用，又可以给人一定的心理准备

玄关作为室外与室内的过渡空间，照度不宜过低但也不能过高，偏日光的显色性，能给人一个适应的过程

上海静安嘉里中心
Social Space
下沉式的空间形态与空间休闲、祥和的功能特征非常吻合，而柔和、幽静的照明环境又会增添浓郁的亲和气质

## 5 利用光效体现空间形态

在对室内进行区域界定或想要制造独特的装饰效果时，经常会用到一些特殊的光环境设计手法，从而使空间具备一定的形态特征。

第一种，下沉空间的幽静感。如果对空间地面进行局部下沉的处理，可以使原本完整的空间产生一个富有变化的相对独立空间。因为周围地面高于下沉空间，所以对下沉空间产生一定的围合性，使空间具有隐蔽感和安全感。通常情况下，下沉空间与周围空间不存在实体性分隔，或采用通透性强的分隔方式，以确保视觉的连贯性，否则将失去下沉空间的意义。

下沉空间的光环境设计中，为了突出私密感、平静感和安逸感，光源色的选择要以暖色调为主，一般照明的照度要适当降低，通过增加一定的局部照明来满足特定功能的使用需求。下沉空间灯具的照度设置不宜过高，照度过高会对下沉空间的形态特征产生破坏，同时不必追求空间整体亮度的均匀分布，并可适度运用光影效果。

第二种，上升空间的个性感。上升空间与下沉空间相反，是将室内地面局部抬高，形成一个边界界定明确的相对独立的空间。因为地面高于周围空间，所以上升空间比较醒目、突出，具有张扬之感。针对上升空间的特点，其光环境要力求做到明快、轻松。光环境设计中要运用整体照度的提高，灯光的流动性或者对比等手段显示其个性。如果此类空间的照度降低、光线黯淡，则会压制上升空间的气势。

"星体"材料展，马德里

中间的上升空间能充分起到引人注目的效果，体现展览的重点，利用定向照射能进一步突出重点

Javier Simorra 旗舰店，巴塞罗那

服装店局部抬高，形成高低差，整个空间的照明亮度统一，没有多余明显的明暗差，保证了空间的联动感

第三种，“母子空间”的和谐感。在较大面积的室内空间中，可能会根据功能需要进行一些具体功能的设置和空间的划分，因此形成整体空间内包括配属功能空间的复杂空间，即“母子空间”。母子空间的光环境设计要以整体空间的功能需求为基调，对特殊功能的子空间进行个体功能的适度体现。

在开敞式集中办公空间内，除了员工独立的办公外，可能还需要进行一些其他活动，为了避免对不参与活动的人产生影响，相对独立的活动空间的设立就成为必要。在这种母子空间中，整体照明必须符合办公的需求，例如适度的照度水平、均匀的亮度分布等，而对功能相对独立的交流空间则可以进行一定的氛围处理，比如以中性光色制造清爽的光环境，使活动参与者可以保持冷静的头脑，利于沟通效果的提高；同时也可以适当增设暖光源，使气氛更加融洽、温馨。子空间的光环境也可以与母空间保持一致，从而形成协调、和谐的美感体验。

第四种，凸式空间的互动感和凹式空间的内敛感。凸式空间和凹式空间是一种特殊的空间形态，凹式空间是指因为室内局部空间的后退而形成的空间形态，这种形态具有非常强烈的包容感。凸式空间是指因为室内局部空间的前进而形成的空间形态，它与凹式空间是相对立的关系，一般具有膨胀感和活跃感。

由于是开敞式的办公空间，所以为了保证整体照度的统一，母空间与子空间均使用冷光源，提供均匀的照度和亮度，形成协调、和谐的美感

子空间

母空间

针对这两种空间形态的光环境设计，凹式空间可以利用均匀的照度设置制造平淡、舒展的感觉，也可以通过暖色调的灯光和适当的光影变化渲染优雅、温馨的空间氛围。而凸式空间由于不强调空间的整体亮度，所以要重点对端部空间进行光环境的护理，使它具有鲜活之感。如果提供均匀的亮度分布，尤其是大面积采用直接照明方式，则会使空间显得暗淡无光，与空间的形态特点形成冲突。

在凹进去的地方以较强的光线照射，减弱凹进去的视觉感

### 6 利用灯光改善空间的缺陷

在进行建筑设计时，由于需要考虑建筑形态、主要空间的分布、建筑利用率等因素，所以空间中总是会有存在一些缺陷和问题，例如，面积过小、空间比例失衡等。有些缺陷会直接影响空间的使用，有的会使人产生不适的心理感觉而间接影响空间的使用。而这些影响因素可以通过灯光设计进行缓解。

第一种，改善空间尺度感。对于一些狭小的室内空间，虽然使用上没有问题，但是从使用者的心理来看，较小的空间会给人窒息的压抑感和局促感。对于狭小的空间，需要通过提供高照度，并采取均匀布光的形式，而且尽量保持光通量在各个方向都分布得相对平均，以此使空间通体明亮，产生空间的扩大感。

如果空间只是在长宽或高宽等两个方向出现问题，例如狭长或者层高较低，那么可以通过亮化处理来解决缺陷问题，但不同情况下要采取不同的具体措施。当层高较低时，可以在墙面上部设置上射光灯具，通过墙面光线向顶面的扩散，制造墙面向上延伸的错觉，从而获得空间的高度感。对于狭长的空间带来的拥挤感，可以对墙面进行分段亮化处理，断续的光不仅可以打破墙面的延伸感，同时也降低了墙面的内聚感。

第二种，改善异形空间不适感。异形空间的出现是在所难免的，但这些空间确实会给人带来不适感。如果想通过照明的设计来改善这种不适感，那么就需要注意使用较为艺术化的手法。例如，在居室中常会出现的阁楼，因为顶面是三角形状，所以会给人一种尖锐的刺激感，那么在设计时可以特别拥堵的部分采用局部装饰照明的手法，普通部位的照明设计可以不必过于刻意，以免破坏空间的结构美感。

分段投射在墙面的光线，打破了走廊的延伸感

通过提高照度，并且均匀布光的设计，让空间之间没有明显的明暗差，视觉上扩大空间

阁楼不规则的顶棚会令人产生束缚、压抑的感觉，此时，一盏形式简洁的上射光壁灯可以完全改变空间的效果，当电源开启时，光线投射到墙面上部和顶棚上，形成的优美光影减少了人对不规则顶棚的注意

# 4. 人工照明项目工作流程

人工照明设计项目必经四个阶段，即方案设计阶段、施工图设计阶段、安装阶段和监理阶段，并且这四个阶段的顺序不能颠倒。由于照明工程要与建筑或室内工程施工配合，因此在实际工程中若干环节之间会重复，这就要求在设计方案阶段，将各个环节的设计工作做得越好，整个工程进展得越顺利。

## 1 方案设计阶段

在方案设计阶段首先要明确照明目的，具体来说，第一是要明确空间的功能性，是办公空间、餐饮空间还是娱乐空间等，不同使用功能的空间对照明要求有很大的差异，因此明确空间的功能性是进行照明设计的首要工作。第二是要掌握空间的具体因素，主要是指室内空间功能区域的设置、总体布局、空间组织形式，以及具体空间的形状、尺度、环境的物理条件，空间界面的装饰形式，饰面材料的光反射性能，室内陈设的数量、特性与布置情况等。设计师应该通过对具体因素的了解，从而对空间特点形成认识，并进一步对空间条件的优劣加以分析，以便利用照明设计对空间进行调整和改善。第三是要明确照明的目的，对不同功能区域进行照明目的地分析，进行明视照明、环境照明、装饰照明的份额和必要性的界定，形成对空间照明的总体定位，初步确定照明节奏。在进行照明目的分析时，需要结合空间的功能组织，对功能空间进行细化的功能分析，尽可能不遗漏功能内容，并对各细部功能有较好的定位，以便于协调照明效果。

其次要明确照明质量标准，根据空间的使用要求，查阅相关的规范和标准确定空间的照度值。针对具体空间的形态、陈设品、装饰界面等空间存在物的位置关系、光反射率等具体因素划分亮度分布，粗略拟定照度调节方案。对功能性照明或装饰照明进行划分，根据功能要求和氛围营造需求，考虑光源的色温、显色性等。

最后根据空间的照明要求确定照明方式，对同一空间中具体功能区域的设置进行列举和定性，根据照度要求的差异拟定一般照明、局部照明和混合照明方案。接着还要选择光源和灯具，最后进行照度的计算。照度的计算要根据室内照度要求、灯具效率和数量、空间的形状、室内界面的反射比、光衰等因素确定光源照度。以整体亮度为基准，根据对局部亮度、整体亮度、背景亮度的比值要求，确定局部照明光源和重点照明光源照度值。

| 第一阶段 | 设计步骤 | 内容 | 参考途径 |
|---|---|---|---|
| 方案设计 | 1. 考察空间 | 明确空间的性质和使用目的 | 现场拍照或模型模拟 |
| | 2. 照明方式 | 确定照明方式和光在空间中的分布形式 | 手绘草图 |
| | 3. 选择光源 | 确定照度；确定光色效果 | 手绘草图或计算机模拟 |
| | 4. 选择灯具 | 专门设计艺术型灯具；选择通用型灯具 | 市场调查 |
| | 5. 照度计算 | 平均照度计算和直射照度计算 | 人工或照明设计软件 |

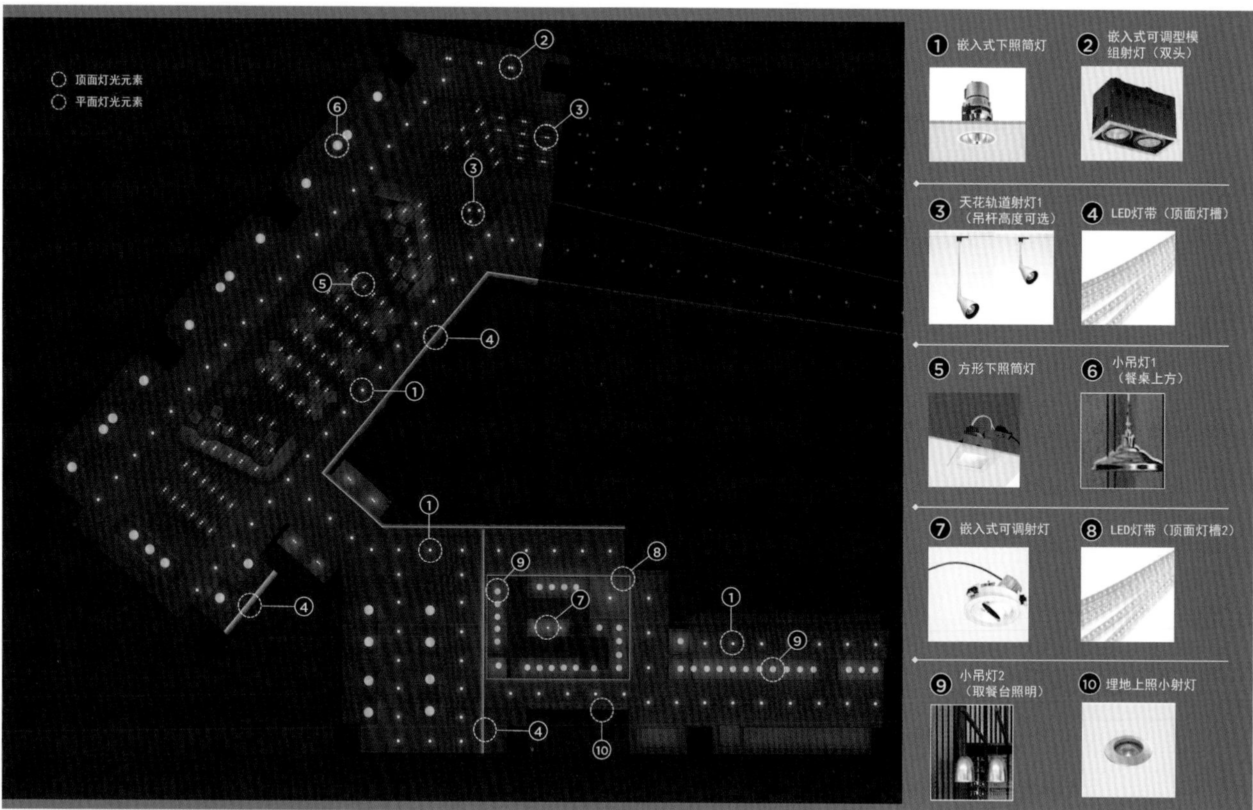
顶面灯光元素
平面灯光元素
① 嵌入式下照筒灯
② 嵌入式可调型模组射灯（双头）
③ 天花轨道射灯1（吊杆高度可选）
④ LED灯带（顶面灯槽）
⑤ 方形下照筒灯
⑥ 小吊灯1（餐桌上方）
⑦ 嵌入式可调射灯
⑧ LED灯带（顶面灯槽2）
⑨ 小吊灯2（取餐台照明）
⑩ 埋地上照小射灯

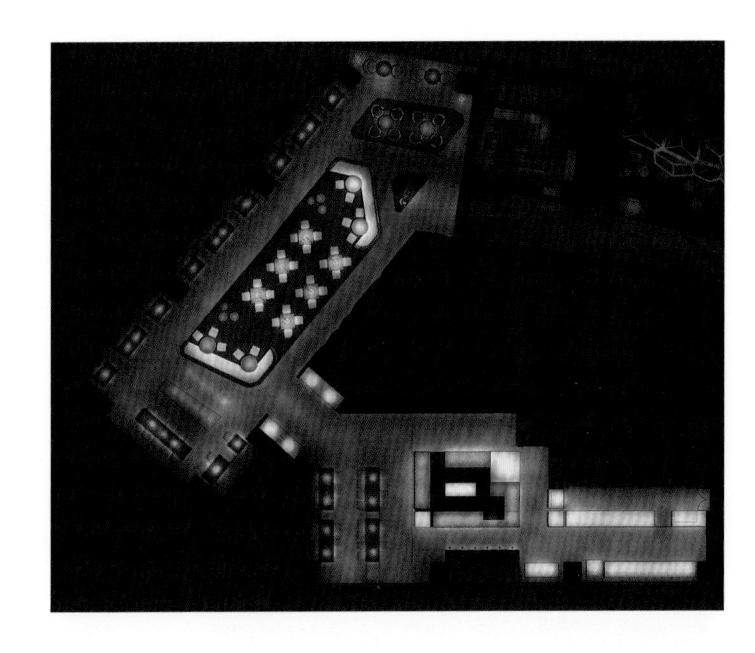

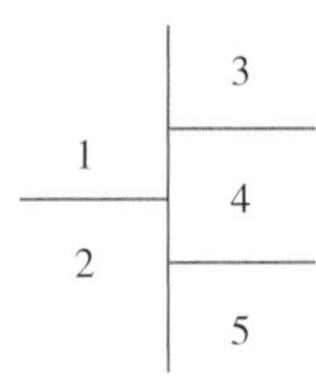


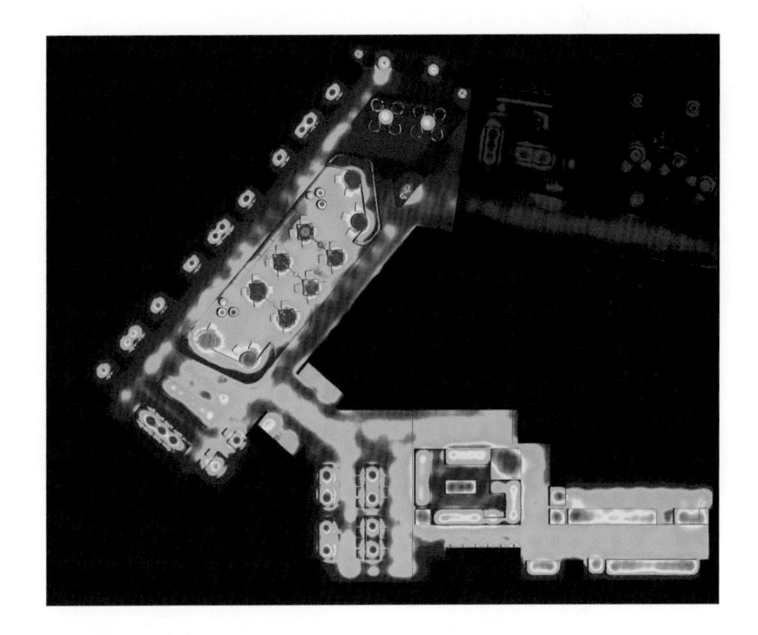

1　效果图

2　照明灯具对照图

3　平面渲染图

4　照度伪色图

5　水平面照度图

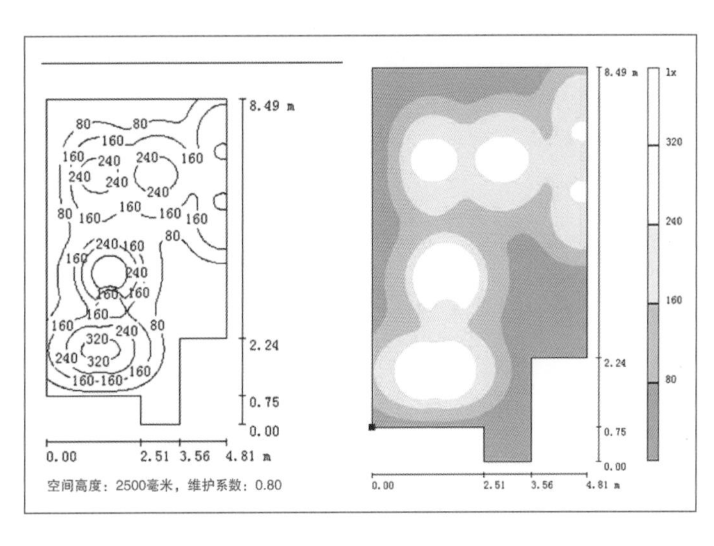

# 方案设计阶段使用的软件

## Word

Word 主要用来写初步设计说明，以及常用的照明标准。

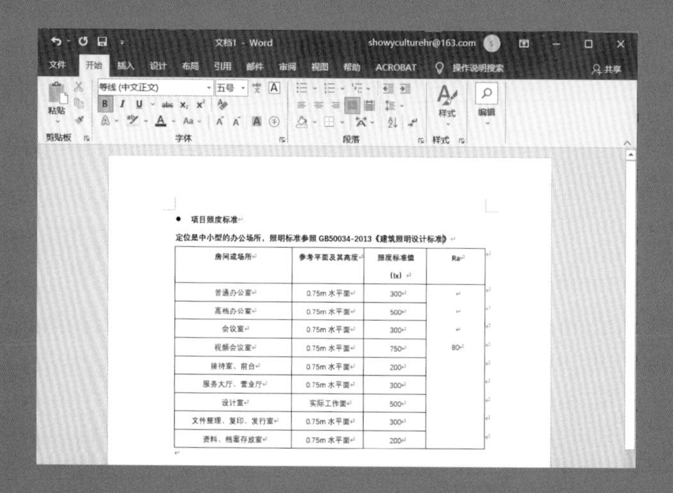

- 项目照度标准

定位是中小型的办公场所，照明标准参照 GB50034-2013《建筑照明设计标准》

| 房间或场所 | 参考平面及其高度 | 照度标准值（lx） | Ra |
|---|---|---|---|
| 普通办公室 | 0.75m 水平面 | 300 | |
| 高档办公室 | 0.75m 水平面 | 500 | |
| 会议室 | 0.75m 水平面 | 300 | |
| 视频会议室 | 0.75m 水平面 | 750 | 80 |
| 接待室、前台 | 0.75m 水平面 | 200 | |
| 服务大厅、营业厅 | 0.75m 水平面 | 300 | |
| 设计室 | 实际工作面 | 500 | |
| 文件整理、复印、发行室 | 0.75m 水平面 | 300 | |
| 资料、档案存放室 | 0.75m 水平面 | 200 | |

## Sketch Up

主要用来生成三维成品模型，方便与客户交流，甚至可以模拟手绘草图的效果。

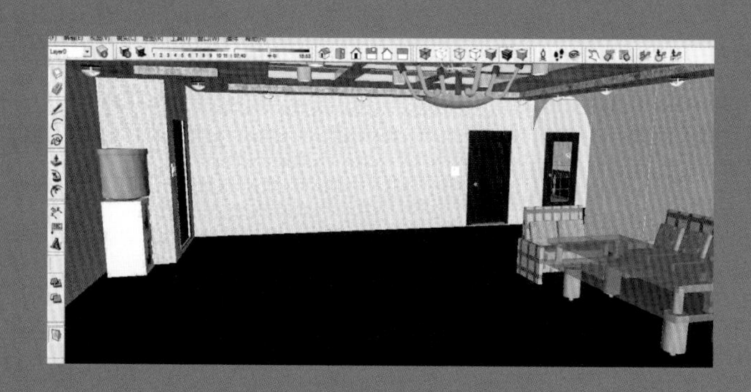

## 3ds Max

3ds Max 可以生成更加逼真的方案效果图，几乎可以模拟出接近照片真实度的效果图。

## PowerPoint

PPT 的功能主要是给客户展示效果时使用的。

## DIALux

DIALux 是国内使用最广的照明计算软件，使用免费，操作简单，插件丰富，非常适合照明设计师使用。

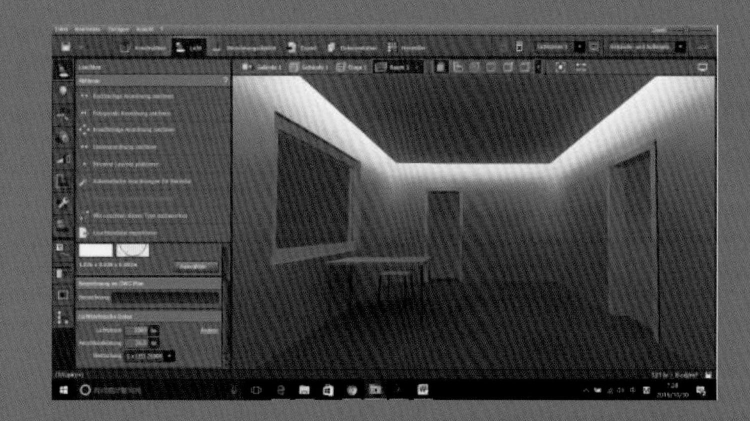

## Excel

主要用于灯具参数信息的整理和汇总。

2014.08.26.

| 编号 | 类型 | 外形 | 尺寸 | 参数 | 色温 | 功率 |
|---|---|---|---|---|---|---|
| DD1 | 明泡 | | 直径60mm | LED明泡<br>光束角360°<br>E27灯头<br>明装 | 3000K | 4 W |
| DD2 | 变色灯珠 | | | LED变色灯珠<br>光束角120°<br>明装 | RGBW | 0.8 W |
| S11 | 扫墙灯 | | ø74.5<br>ø 65mm | LED射灯<br>光束角25°<br>开孔直径65mm | 3000K | 4 W |
| X34 | 洗墙灯 | | Ø145 | LED筒灯<br>光束角50°<br>开孔直径140mm | 3000K | 28 W |
| M22 | 筒灯 | | 108.5 | LED筒灯<br>光束角25° | 3000K | 12 W |

## 2 施工图设计阶段

等到方案设计确定以后，就要进行施工图的绘制，主要内容是要绘制出电气施工平面图、配电系统图，同时还要编写设计说明，汇总安装容量，列出主要设备和材料清单。与室内空间的其他类型制图一样，参考国家建筑、室内、电气工程的设计标准，根据建筑室内制图规范，使用绘图软件绘制照明方案的施工图。每套照明设计施工图中必须准确地显示：照明方案设计说明、灯具采购表、灯具的位置、灯具符号注释说明、灯具控制线路分布、开关类型和位置、总控电箱位置以及特殊灯具的安装节点大样图等。

在制定灯具采购表时，要注明灯具的名称、图纸的编号、灯具的类型、功率、数量、型号、生产厂家等信息，因为这个表格除了便于采购灯具，更重要的是方便将来维修与管理。

| 第二阶段 | 设计步骤 | 内容 |
| --- | --- | --- |
| 施工图设计 | 1. 确定光源的位置 | 绘制灯位图 |
| | 2. 确定灯具 | 列出灯具采购表 |
| | 3. 确定配电系统 | 确定电压；确定配电盘分布；确定电线种类；确定布线网络和铺设方法 |

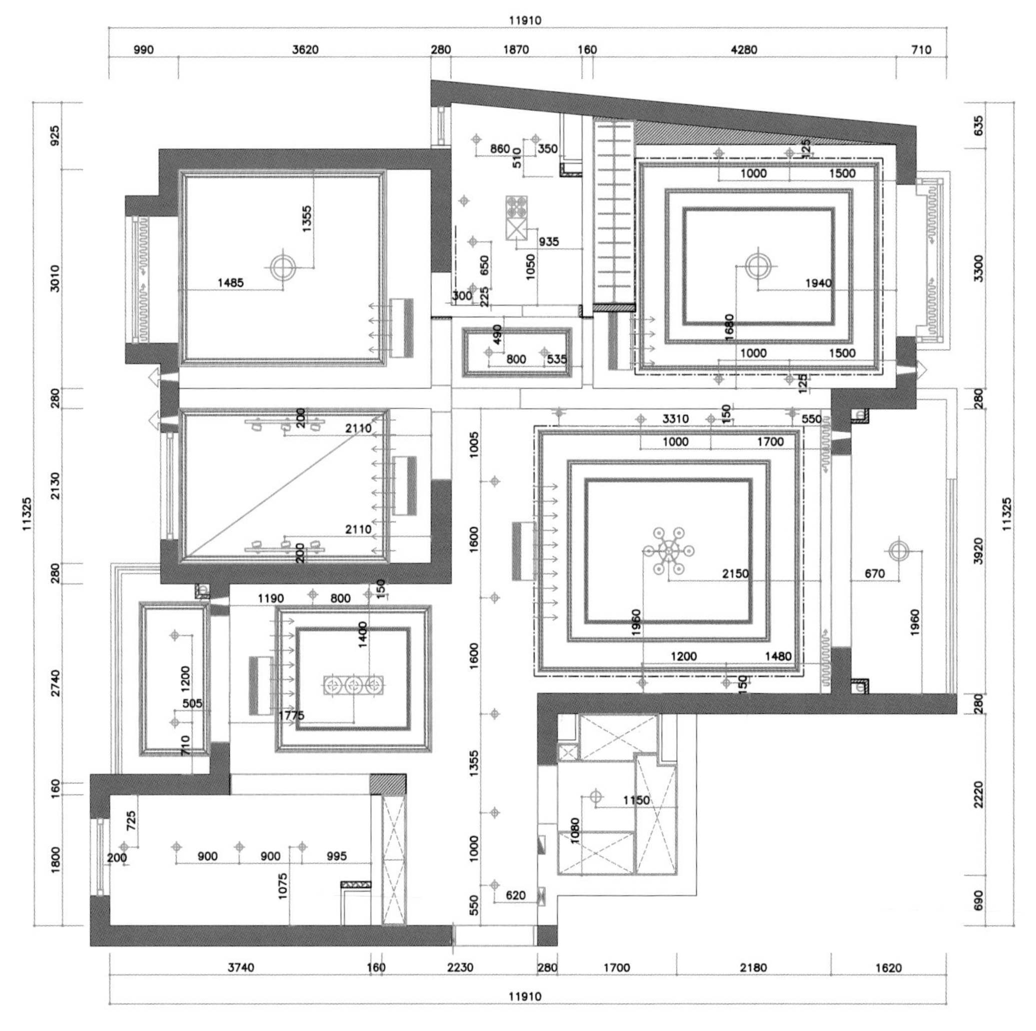


灯具布置图

灯具符号注释说明

| 符号 | 内容 |
| --- | --- |
|  | 壁灯 |
|  | 天花防雾筒灯 |
|  | 12V 50W×2QR 胆射灯 |
|  | 12V 50W 天花石英灯 |
|  | 吸顶灯 |
|  | 卧室天花吊灯 |
|  | 客厅天花吊灯 |
|  | 浴霸 |
| —·—·— | 灯丝管灯槽（暗藏） |

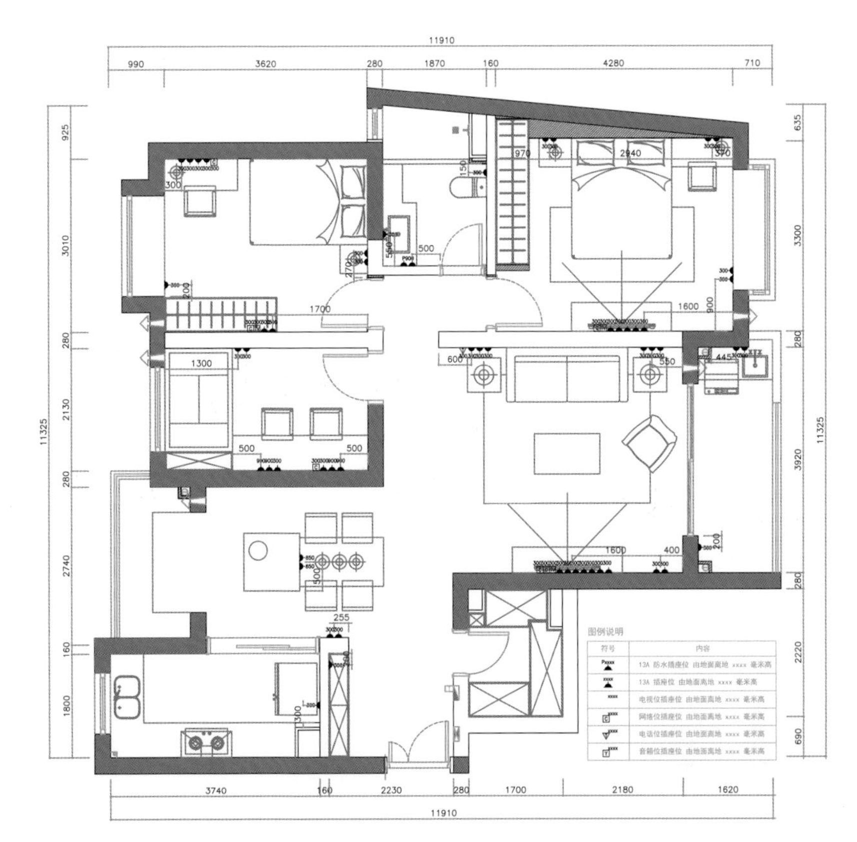


开关类型和位置

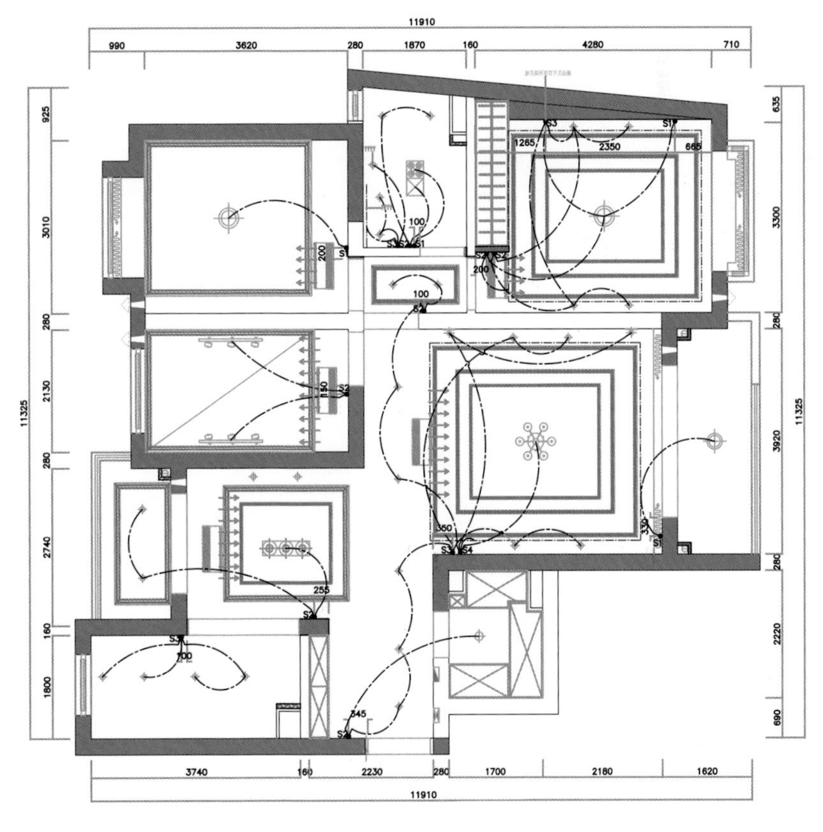


灯具控制线路分布

## 3 安装与调光设计阶段

在安装与调试阶段，绘制灯具安装详图时，以 1：5 或 1：10 的比例进行绘制，在图纸上标明所需要的光学控制技术、形状、尺寸和材料等信息，如果灯具与建筑发生关系，一定要在图纸上准确反映灯具与建筑之间的关系。在绘制调光指示图之前，设计师和灯具安装人员进行有效的沟通。调试指示图非常有必要，它有利于设计师时常从整体上协调不同区域之间的照度关系。

| 第三阶段 | 设计步骤 | 内容 |
| --- | --- | --- |
| 安装和监理 | 1. 确定灯具安装方法 | 绘制灯具安装详图，包括安装的形式、材料和结构 |
| | 2. 确定现场管理办法 | 绘制调光示意图 |

## 4 维护与管理阶段

制定维护计划是非常有必要的，因为一些通用型灯具的使用寿命可能因维护不当而减少，造成了资源浪费。在高大空间中的灯具维护起来需要特殊的升降设备，灯具维护人员不仅要修理好灯具，还要学习操作这些升降设备。

| 第四阶段 | 设计步骤 | 内容 |
| --- | --- | --- |
| 维护和管理 | 1. 整理照明产品资料 | 包括灯具、线路、开关和配电箱的详细资料 |
| | 2. 确定灯具维护办法 | 明确管理人员的任务和责任 |
| | 3. 安全问题说明 | 制定防火、防水、防触电等安全措施 |
| | 4. 经济问题说明 | 核定维护的固定费用、用于清洁和更换的费用 |

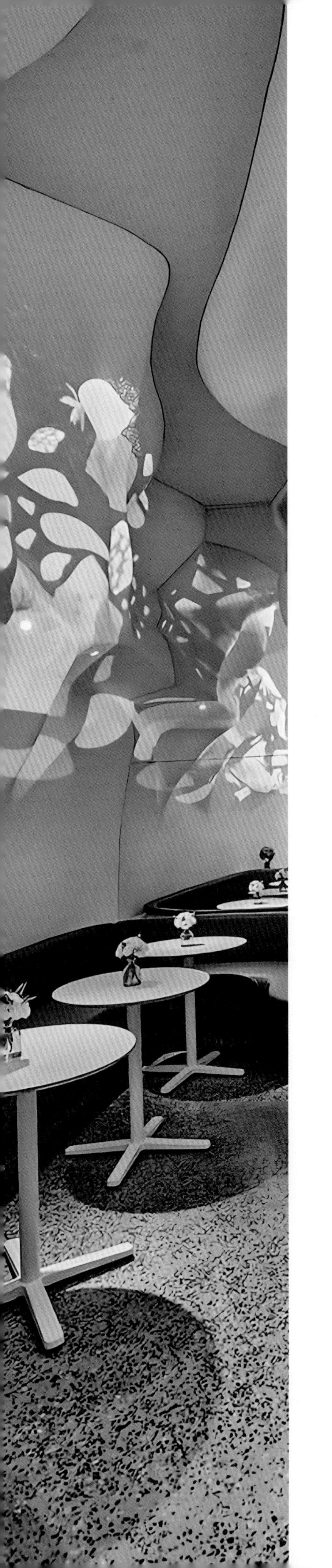

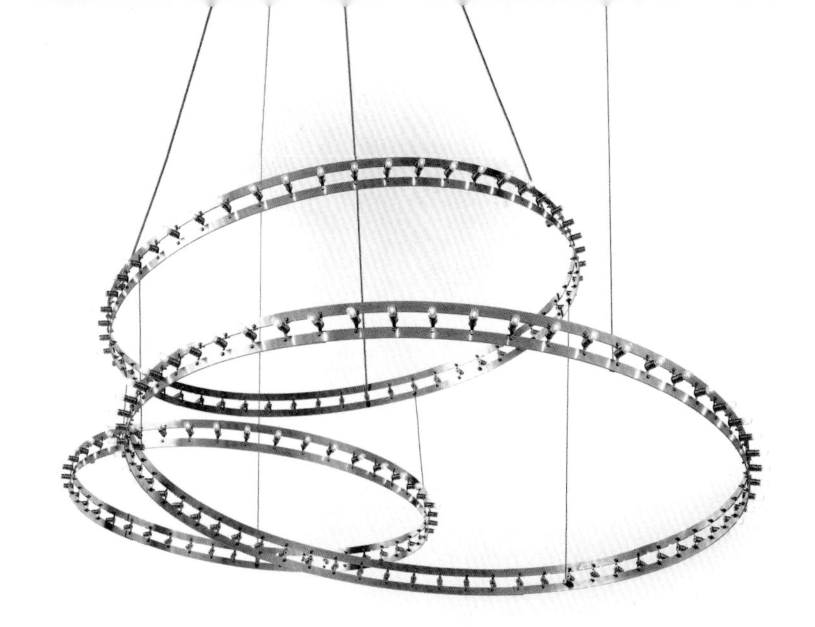

第三章

# 室内光环境的实现

光环境的形成，除了要有光源之外，还要有其他的载体，互相作用与联系，才能实现光环境设计。为了营造出健康、舒适又有艺术感的光环境，在设计时就要注意对这些载体的合理利用。本章包含实现光环境的几大要素，帮助读者了解要素的特点，以及与光环境设计的关系，从而能够更好地运用它们。

# 一、视觉环境与视知觉

视觉是由进入人眼的光所产生的视觉印象而获得的对于外界差异的认识。通过视觉获得信息的效率和质量与照明的条件有关。光刺激必须达到一定的强度才能引起感觉。当光的亮度不同时，人视觉器官的感受性也不同，因而人们在不同照明条件下可能有不同的感受，在看得见和看得清方面是存在着差异的，这表明在不同照度条件下有不同的视觉能力。

## 1. 视觉环境的阐述

视觉环境，也可以叫室内视觉环境，它是由室内环境各因素总体形成的气氛、意境和风格等给人的视觉感受。包含空间、色彩、光线、形状等要素。这些要素之间的分配、权衡等，要根据人们不同活动的不同要求整体考虑。如果局部环境对视觉的影响过大，整体环境效果就减弱，反之亦然。因此，设计室内环境时要充分考虑上述因素及其效应。

在同样的光照条件下，影响人眼对环境中亮度感知的因素来自两方面，一方面受到物体颜色物理亮度的影响，另一方面则受到物体与环境之间对比关系的影响。

视觉环境包含了空间、色彩、光线、形状等要素

物体表面的光滑程度、材料的质感和色彩属性等因素直接影响人眼对物体亮度的判断。例如，在同样的人工光照环境中，相同体积、相同颜色的两个物体，金属材料的物体会比非金属材料的物体看上去更亮。另外，由于受到视野中的环境亮度与物体亮度之间对比度的影响，人眼对亮度的感知有所不同。理论上而言，当环境亮度保持在 100cd/m$^2$，物体亮度与环境亮度的比值在 3：1，人眼的感受性最高。但当环境亮度逐渐升高时，即便物体亮度和环境亮度的比值在 3：1，眼睛的感受性呈现迅速的下降趋势；如果环境亮度逐渐下降，物体亮度和环境亮度的比值仍是 3：1，眼睛的感受性下降趋势缓慢。例如，当人眼被暴露在高光下更容易产生眩晕，而在昏暗处则感觉更放松些。

## 2. 知觉与视觉

### 1 眼睛与大脑

视觉不仅仅是光线在视网膜上投影成像，然后将结果传给大脑的过程，除了这些复杂的光学处理，视觉很大一部分在于大脑的解读。

下图显示了人眼的不同部分。角膜和晶状体将光聚焦在多层的视网膜上，由后者将视觉冲动通过视觉神经传递到大脑。虹膜控制瞳孔的大小——瞳孔越大，进入眼睛的光线越多。在高亮度的条件（如明亮的室外天空）下，则相反——虹膜减少瞳孔的大小，从而减少进入眼睛的光线。眼睛控制其接受的光线适量和变化视网膜的敏感度的能力叫作视觉适应性。

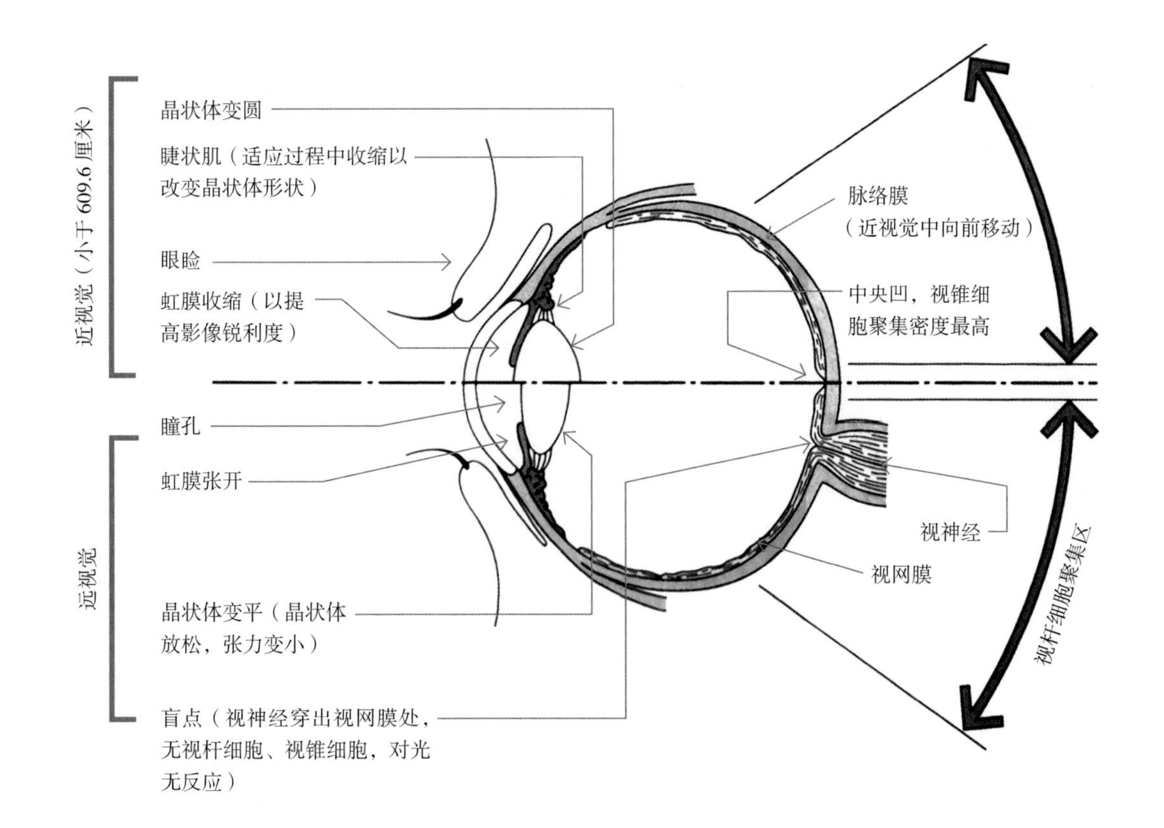

眼睛通过改变晶状体形状将光线聚焦在视网膜上的能力叫作适应性调节。在近视觉，晶状体曲率增大，瞳孔被虹膜缩小，双眼视线会聚到同一点上。

大脑对来自视网膜的感觉的组织叫作视觉感知，它使识别和理解得以可能发生。来自双眼的视觉神经沿路来到大脑视觉皮层。在视神经交叉，有一侧视网膜的一半来的视神经与来自另一侧视网膜的相应一半视神经交叉在横向弯曲体汇合在一起。大脑将双眼感觉的图像感知成一幅单独图像的能力叫作双眼视觉。

经验、期望和情感影响对视觉图像的感觉或是评价。由于期望，在室内电气照明下观察测量到的低亮度的白色物体，通常感觉到比室外明亮天空条件下观察有着显著更高亮度的黑色物体亮许多。

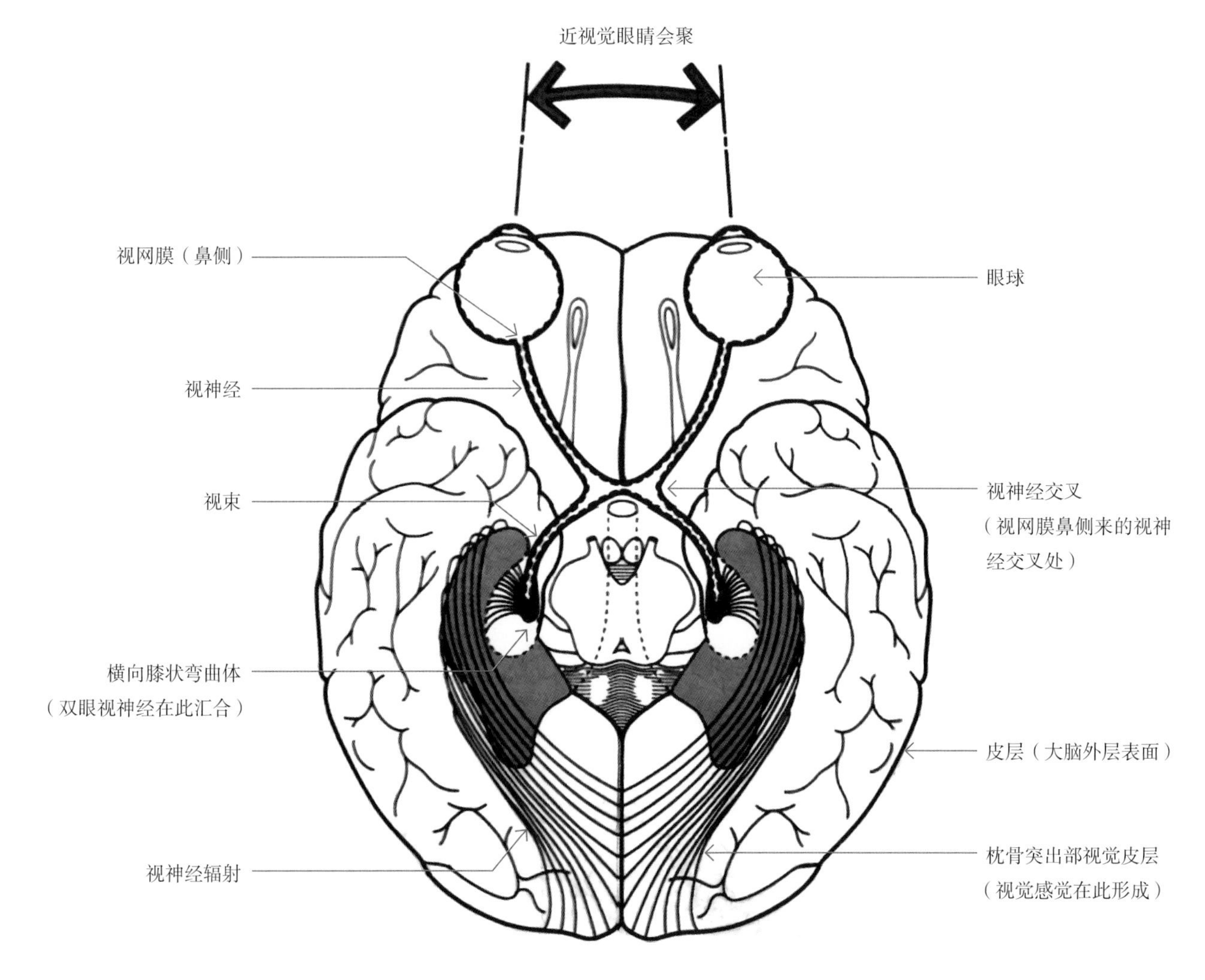


大脑与视觉

## 2 亮度感知

当有光进入我们的眼睛，就会产生明亮的感觉，其衡量指标称为亮度。但是我们常说的亮和暗是非常主观的概念，我们感受到的明亮与昏暗不完全是由进入人眼中的光线的强弱决定的，而影响事物明暗的因素主要包括以下几点：

一是在特定时间内进入人眼视网膜特定区域的光线的强弱；

二是视网膜在此之前短时间内感受到的光线的强弱；

三是照射到视网膜其他区域的光线的强弱。

如果人眼在黑暗的环境中待一段时间，视觉就会变得敏感，同样的一束光会看起来更亮一些。这种黑暗适应在前几秒很迅速，然后就会慢下来，当人眼适应了黑暗之后，其敏感程度上升，但分辨率下降。

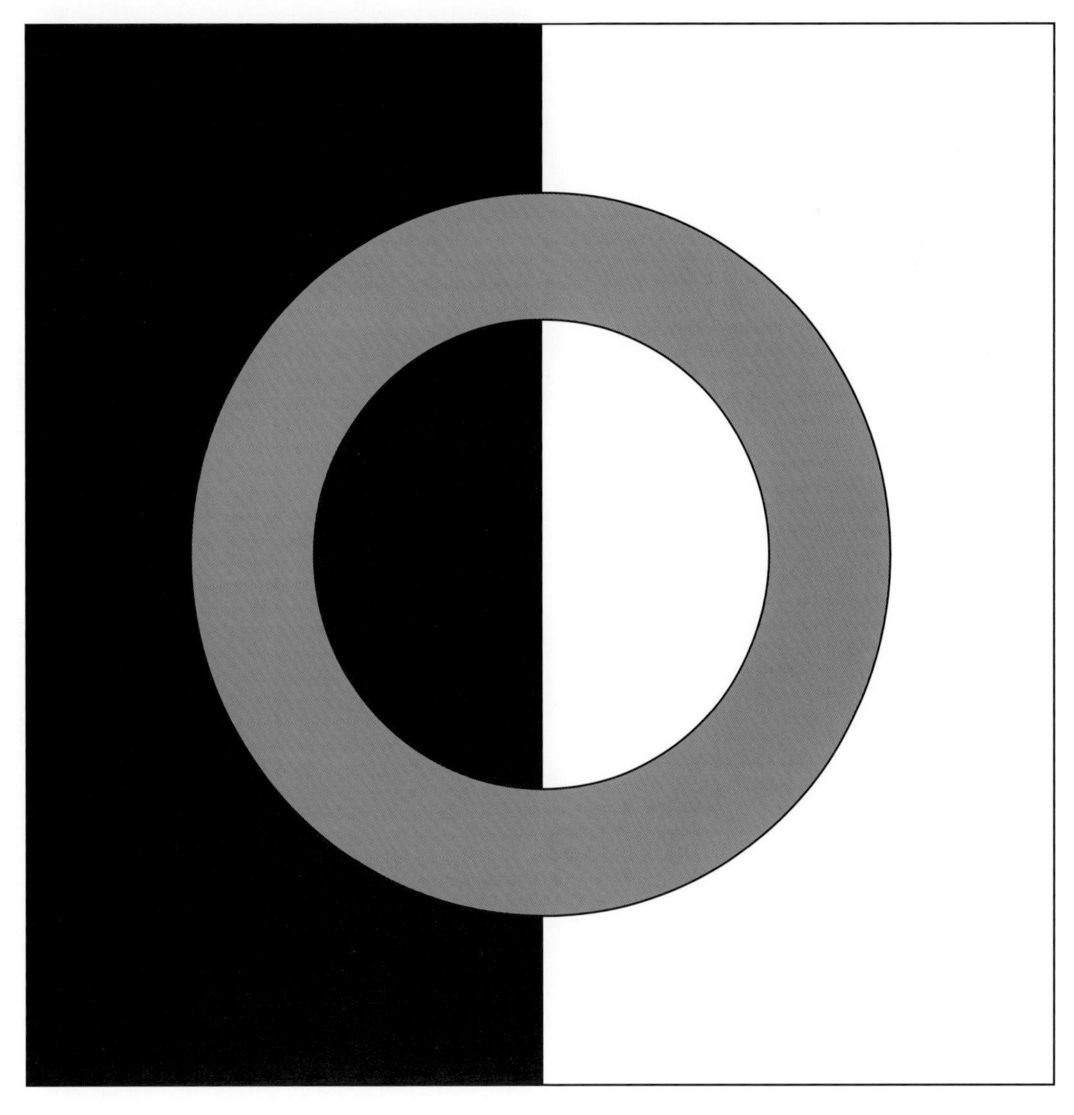

## 3 颜色感知

有心理学家认为："人的第一感觉就是视觉，而对视觉影响最大的则是色彩。"在心理学当中把色彩分为红、黄、绿、蓝 4 种，再加上黑、白称为 6 种基本感觉。人眼对彩色的分辨率要低于对黑白的分辨率，而且不同的色调分辨率也不同。

| 细节辨别 | 黑白 | 黑绿 | 黑红 | 黑蓝 | 绿红 | 红蓝 | 绿蓝 |
| --- | --- | --- | --- | --- | --- | --- | --- |
| 分辨力（%） | 100 | 94 | 90 | 26 | 40 | 23 | 19 |

对于处在具有色彩的空间环境中，心理感觉会根据环境色发生改变。在红色环境中，人的脉搏会加快，血压升高，情绪容易激动。在红光照射下，人们的听觉感受下降，握力增加。而处在蓝色环境中，脉搏则会减缓，情绪比较冷静，同一物体在蓝光下看比红光下显得小。如果空间整体色调暖色偏重，那么明亮感减弱，显干燥；相反，冷色多，则透明感强，湿润。如果人们在一个漆成蓝绿色的房间里，15 摄氏度感到寒冷的话，那么在橙色房间 2 摄氏度才有同样的感觉。

颜色知觉即来自外在世界的物理刺激，偶尔不完全符合外界物理刺激的性质，它是人类对外界刺激的一种独特反应形式，一定波长范围的电磁波作用于人的视觉器官，信息经过视觉系统的加工而产生颜色知觉。颜色知觉是客观刺激与人的神经系统相互作用的结果。色彩的恒常性即说明这一点，例如，我们晚上看到一只白猫，我们绝对不会认为这只白猫到了夜晚就变成黑猫。事实上，这只白猫在黑暗的夜里，显现出来的颜色是深灰色，由于我们的大脑已储存这只猫的色彩信息，换言之，色彩的恒常性发挥作用，所以我们仍然认为晚上看到的是一只白猫。

人的视觉细胞智能感知三种颜色，分别是长波段的红色、中波段的绿色和短波段的紫色。这三种颜色信息进入大脑后经过解读，让人"看"到光谱中的全部色彩。严格来说，光本身是没有颜色的，光能让人感受到亮和色彩，但需要眼睛和视觉神经配合才行。当我们说黄色光时，指的是那种能让绝大多数人感知到并认为是黄色的光线。我们所感知到的白色光其实并不代表某种特定的颜色组合，而是普通照明带给人的感受。一支蜡烛或是一个灯泡在单独呈现时看起来是白色光，但是和更加冷的其他光源相比，看起来更像是黄色。

冷色的光源让饮品店显得更干净、通透，
也更符合饮品给人的感觉——清凉、爽快

## 3. 视觉心理学下的室内照明设计

视觉心理学有一个详细的分类，主要是指外界视觉图像通过视觉器官引起的心理机制的反应，是一个从外到内的过程，这个过程比较复杂，因为形象是丰富而复杂的，内在心理功能相互连接和转换，所以不同的人不同影像，相同的人相同影像，以及不同的人相同影像和相同的人不同的影像产生的心理反应都是不同的。

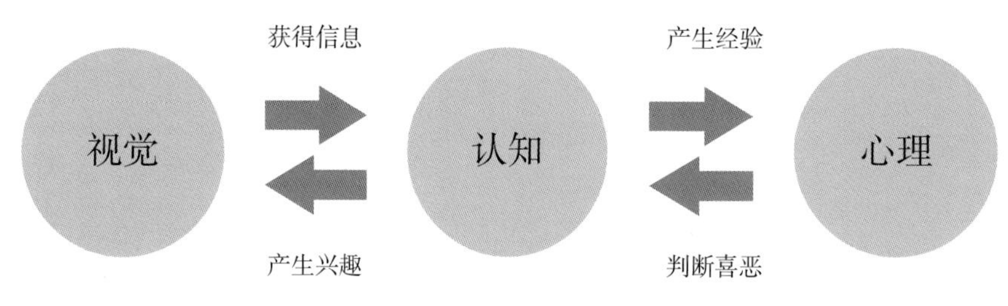


视觉与心理学的关系

勒·柯布西耶认为："我们的眼睛是造来观看光线下的各种形式的。"白天进入影院的感受我们在日常生活中都有体会，去电影院看电影，迟到了，电影开演后才进场，当从明亮的日光中突然进入微光的影院时，最初瞬间，我们什么也看不见，眼前漆黑一片，要过一会才能慢慢看清周围的环境，找到自己的座位。这情况被称为暗适应。相反地，长时间停留于暗处后，当光线再射入眼睛时，就发生相反的现象，即明适应。人们在办公空间中会通过多种视觉作业来感知这个环境，从空间中的颜色、形态、材料这三方面与照明结合时产生的化学关系作为讨论基点。

照明的发展是综合照明、医学、心理学和生理学的研究成果，需要对照明与人类健康问题等做更大的关注。照明除了会产生视觉效应，帮助人们感知世界，表达情感，还会产生生理效应，影响着人体内的激素产生、人体的生物时钟和相应的各类生理反应。因此，照明与人类健康息息相关。这些要求我们对照明设计，尤其是室内照明设计及要求进行重新审视，以求在节能和视觉、生理效应的综合效果上达到最佳的比例。为提高工作效率，提供有益人体健康的视觉环境，因此我们所提供的照明不应该是一成不变的。

办公空间是进行视觉作业的场所，也是要在其中长时间停留的空间，现代办公空间的室内照明是需要长时间进行视觉作业的明视照明，既需要认真考虑针对不同工作面的照明，也要考虑整个室内空间视觉环境的美观与舒适

照明作为空间内部设计的重要因素，千万不可在设计中被孤立，而应视为整体协调一部分。不同用途的房间在照明质量上有不同的视觉行为、视觉舒适度、视觉环境，重要性的不同程度是与这三个参数相连的，其中视觉行为是指主要与光线水平和眩目限制相关联；视觉舒适度主要是对色彩和谐的光强度分析，而视觉环境是指主要与光线色度、照明方法以及它们之间相互反映的模式和方法

# 二、光源的种类与特征

自身能发光的物体称为光源。目前，我们常把光源分为自然光源和人工光源。天然采光主要是指对日光的有效利用，而各种人工光源则是人类现代文明的产物，本书中我们侧重于介绍人工光源的分类与特征。

## 1. 常用光源的种类

光源是灯具的核心，而每一种电光源实际上都是将电能转化为辐射光能的装置。光源是光环境设计中的必要因素，合格的设计师应该了解每种光源的优缺点，这是非常重要的一个环节。大多数人将光源称为灯泡，但实际上它的专业名称应该为光源。

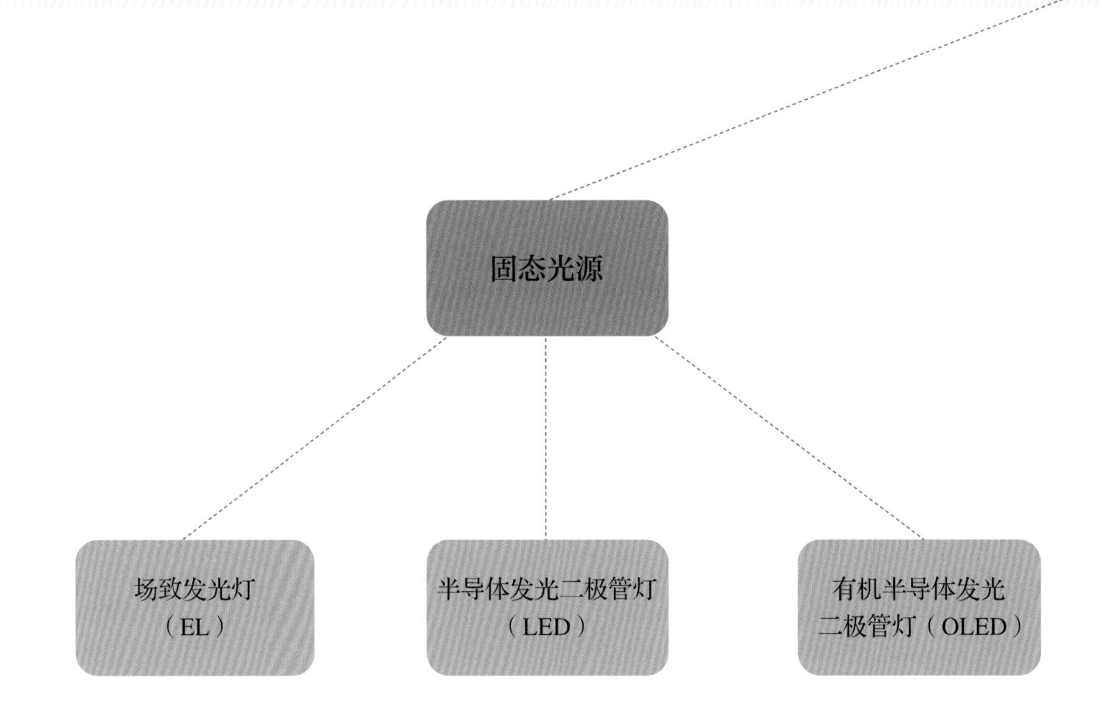

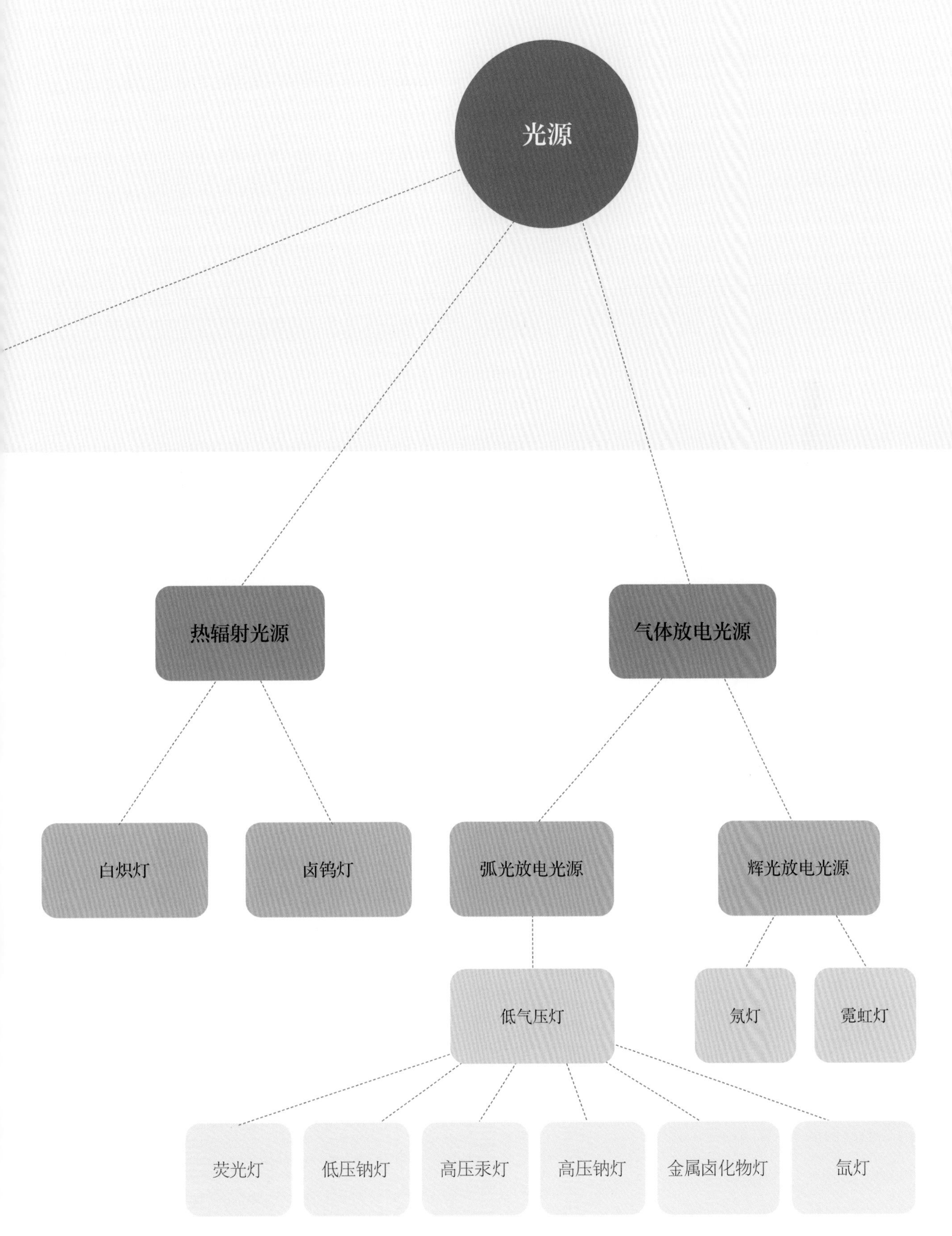
光源
热辐射光源
气体放电光源
白炽灯
卤钨灯
弧光放电光源
辉光放电光源
低气压灯
氖灯
霓虹灯
荧光灯
低压钠灯
高压汞灯
高压钠灯
金属卤化物灯
氙灯

## 1 白炽灯

白炽灯是一种技术含量很低的光源，一根金属导丝封装在玻璃壳内，电流流过灯丝将其加热到白炽态，进而发光。灯丝的直径和长度决定了流过灯泡的电流大小，也决定了光输出的多少。我们生活中，广泛用在家居、商业及工业场合的白炽灯多是指用于标准电压电路的灯泡，而一些非常见电压下的白炽灯，主要应用于车辆上以及各种大型设备中，所以不在本书的讨论范围之内。

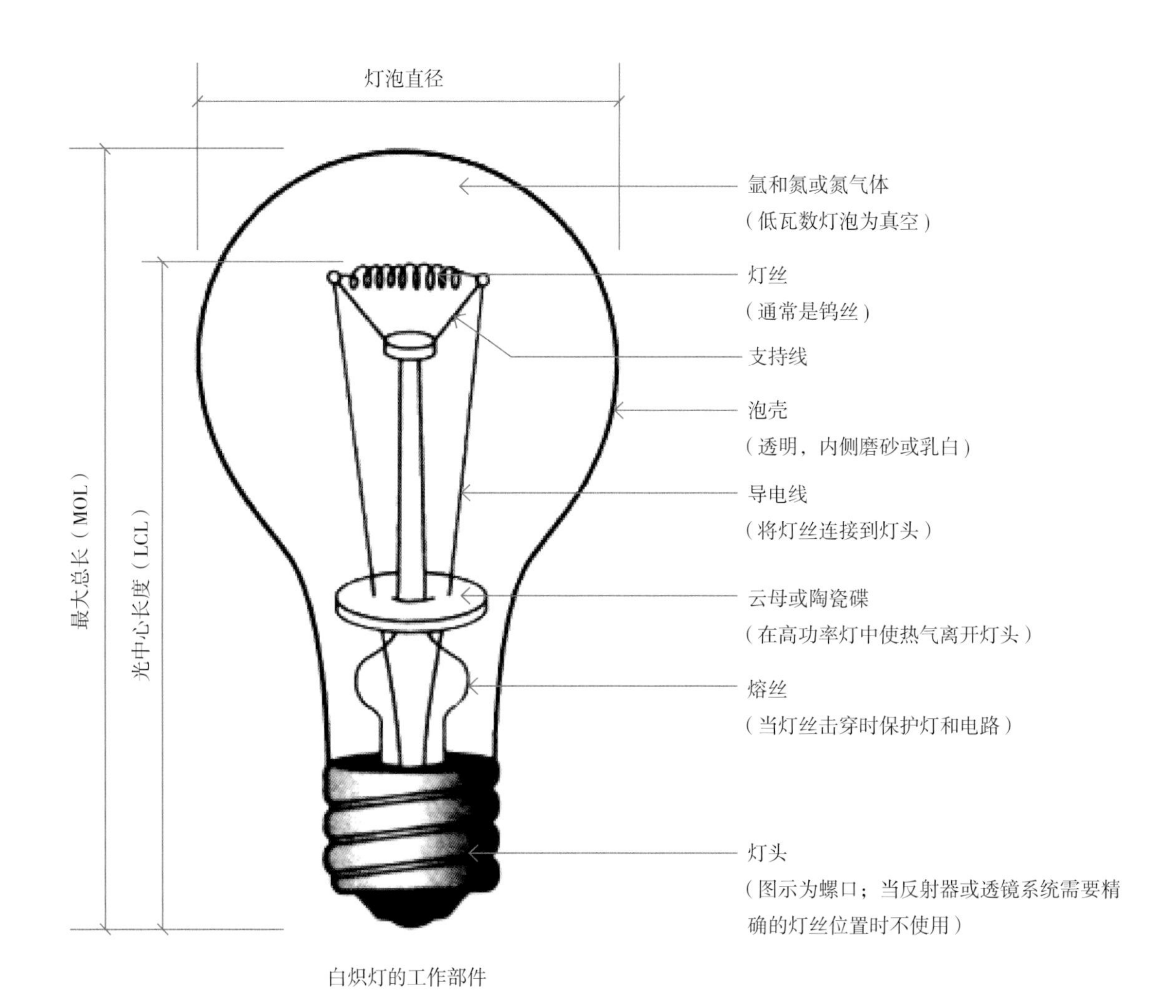


白炽灯的工作部件

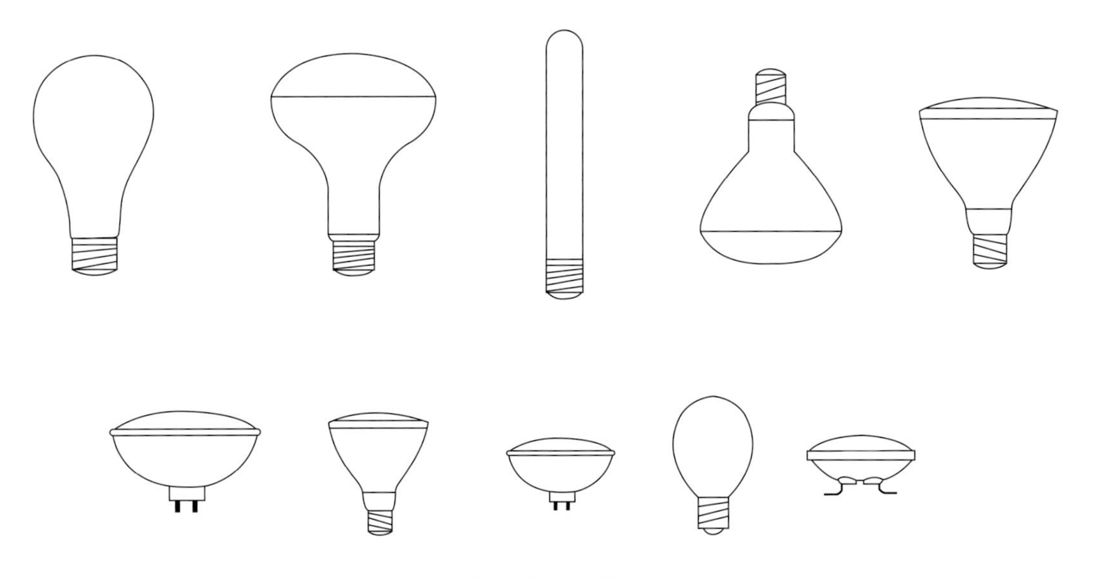

常见白炽灯的形状

白炽灯的成本非常低，这也是白炽光源应用广泛的主要原因之一，虽然白炽灯的生产成本低廉，但是运行成本却比较昂贵，因为白炽灯所消耗的电量中，只有三分之一转换为光，剩下的三分之二以热量形式散发出去，所以导致电费开支较大。

白炽灯可以发出全部波长的可见辐射光，所以可以显示环境中的所有颜色，显色指数非常好。白炽灯的色与其钨丝的运行温度精确统一，当被加热到 2800K 时发出暖橙色光芒，给人一种温暖感。同时，它不需要任何镇流器和变压器来运行，只需要简单地将电流通过灯丝，把灯丝加热至白热化的温度即可。

白炽灯寿命较短。在运行过程中，灯丝因受热而升华，随着灯丝的升华会变得越来越脆弱，直至断裂，所以白炽灯寿命的理想值约 1000 小时。另外，白炽灯还有指向性差的缺点，由于其内部的灯丝很大，所以造成体积较大。通常光源越大，在光源附近建立一个反射器将光线聚集在一起朝着一个特定方向发出去的难度就越大。

优点

制作成本：低；

显色指数：非常好；

色温：暖；

镇流器和变压器要求：无；

调光：便宜且容易；

瞬时开启 / 关闭：瞬时；

运行温度要求：无。

缺点

运行成本：高；

指向性：差；

发光效率：很低；

寿命：短；

发热量：大量；

噪声量：有一些。

## 2 卤钨灯

卤钨灯是白炽灯的改良版本，它有许多别名：卤素灯、石英卤素灯等。卤钨灯灯泡里面充有一种特定的卤素气体，当灯泡工作时，卤素气体会和挥发出来的钨原子结合，最终会重新沉积到钨丝上，而并不是在泡壳上凝结，这种循环可以让泡壳保持透明，同时抵消钨丝挥发导致的灯丝变细，保证了光输出的稳定性。为了让卤钨循环能够持续不断地进行，灯泡温度不能低于 260 摄氏度，因此，此类灯泡需要用石英泡壳而不是玻璃泡壳，用来耐受高温和高压，虽然现在已经有了石英以外的泡壳材料，但是人们还是习惯把这类光源叫作石英卤钨灯。

灯丝的工作温度越高，光源的色温就越高，因此卤钨灯的色温比白炽灯要高，由于光谱中的蓝色区分布更多，因此色彩呈近中性的淡黄色；它的寿命更长，效率更高，体积更小，可以更好地控制光线去照亮特定物体。

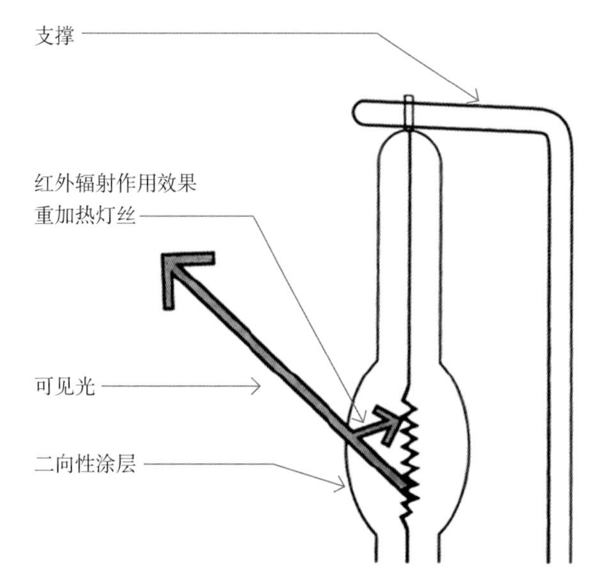


卤钨灯内管（放大图）

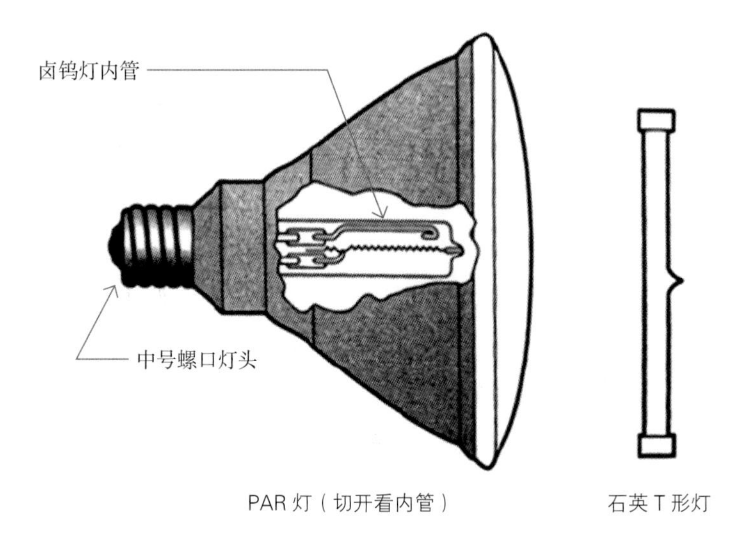


PAR 灯（切开看内管）　　石英 T 形灯

卤钨灯的工作部件

卤钨灯的价格适中，和白炽灯一样，效率低下而且会产生过量的热。一般会在需要极好显色能力和近中性颜色的地方使用。但相比其他光源，卤素灯体积很小，所以可以被放入较小的灯具和精确重点照明的灯具中，这种用于精确重点照明的灯具可以发出一束定向光束以强调特定的表面和物体。

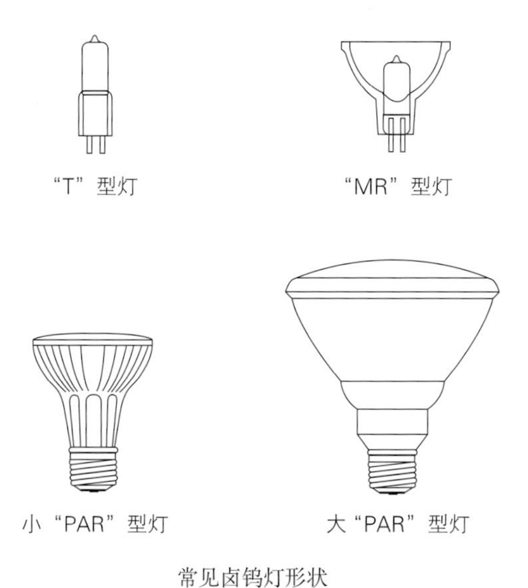


常见卤钨灯形状

优点

制作成本：适中；

显色指数：极好；

色温：从暖到中性；

调光：便宜且容易；

瞬时开启 / 关闭：瞬时；

指向性：优秀；

寿命：中等；

运行温度要求：无。

缺点

运行成本：贵；

镇流器和变压器要求：有一定需求；

发光效率：很低；

发热量：大量；

噪声量：有一些。

被放入较小的灯具和精确重点照明的灯具中的卤钨灯

## 3 荧光灯

荧光灯是一种低压汞蒸气电弧放电光源，工作时灯管两端的电极之间会发生电弧放电引起发光。荧光灯需要镇流器才能工作，主要用来提供启动电压，同时稳定工作电流。

无论何种形状的荧光灯采用的都是充满金属蒸汽的中空玻璃管，当这种金属蒸汽被自由电子激发时，就会发出以紫外辐射为主的光谱。这种技术巧妙之处在于利用涂满白色矿物荧光粉涂层的玻璃管内壁可以将紫外辐射转化为一段较全的可见光光谱。而荧光粉涂层的成分和性质决定了荧光灯的显色性能和色温。这种荧光粉层可以发出任何色温的冷光和暖光，甚至各种颜色：淡蓝色、紫色、淡粉色、淡橘色等。

尽管所有的荧光灯的基本原理都是一样的，但还是分为两大类：冷阴极和热阴极。冷阴极荧光灯是一种顶针形状的圆柱体光源，有时候涂有放射性物质。这种表面积很大的光源有着超长的寿命。冷阴极灯管的压降比热阴极的要高，因此功率损失更大，发热量更多，光效更低。虽然光效、光通量维持都偏低，但是冷阴极荧光灯的寿命很长，它们主要应用在装饰部分，以及不方便频繁更换光源的地方。而热阴极荧光灯的电极位于灯管两端，是一段螺旋状的钨丝，上面涂有电子发射材料。它单位长度的光通量更高，光效更高，因此，等照度条件下，成本要比冷阴极管更低。优越的光效和光通量让热阴极荧光灯更适用于普通照明，但是由于其色温和显色性能种类繁多，因此，在使用时要根据具体色温和显色指数选择，否则效果会差强人意。

优点

制作成本：适中；
运行成本：便宜；
显色指数：良好；
色温：各种各样；
瞬时开启 / 关闭：瞬间（用电子镇流器）；
发光效率：优秀；
寿命：极长；
运行温度要求：偏暖；
发热量：很少。

缺点

运行成本：贵；
镇流器和变压器：需要；
调光：可调但昂贵；
指向性：不好；
噪声量：有一些。

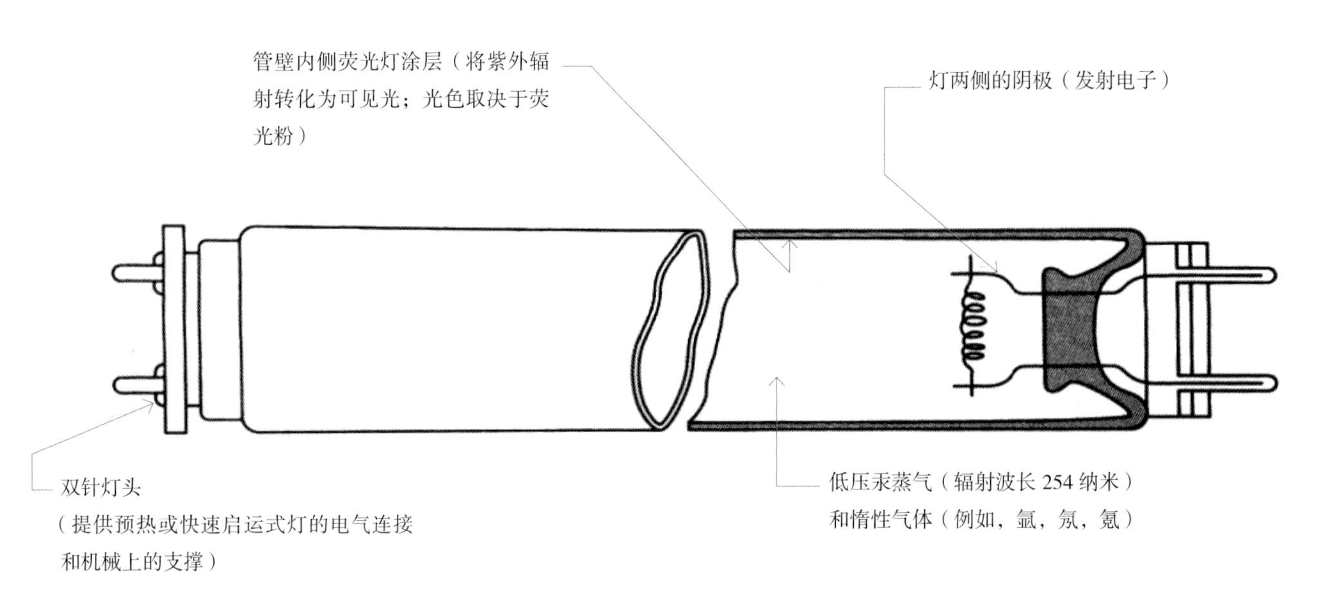


荧光灯的工作部件

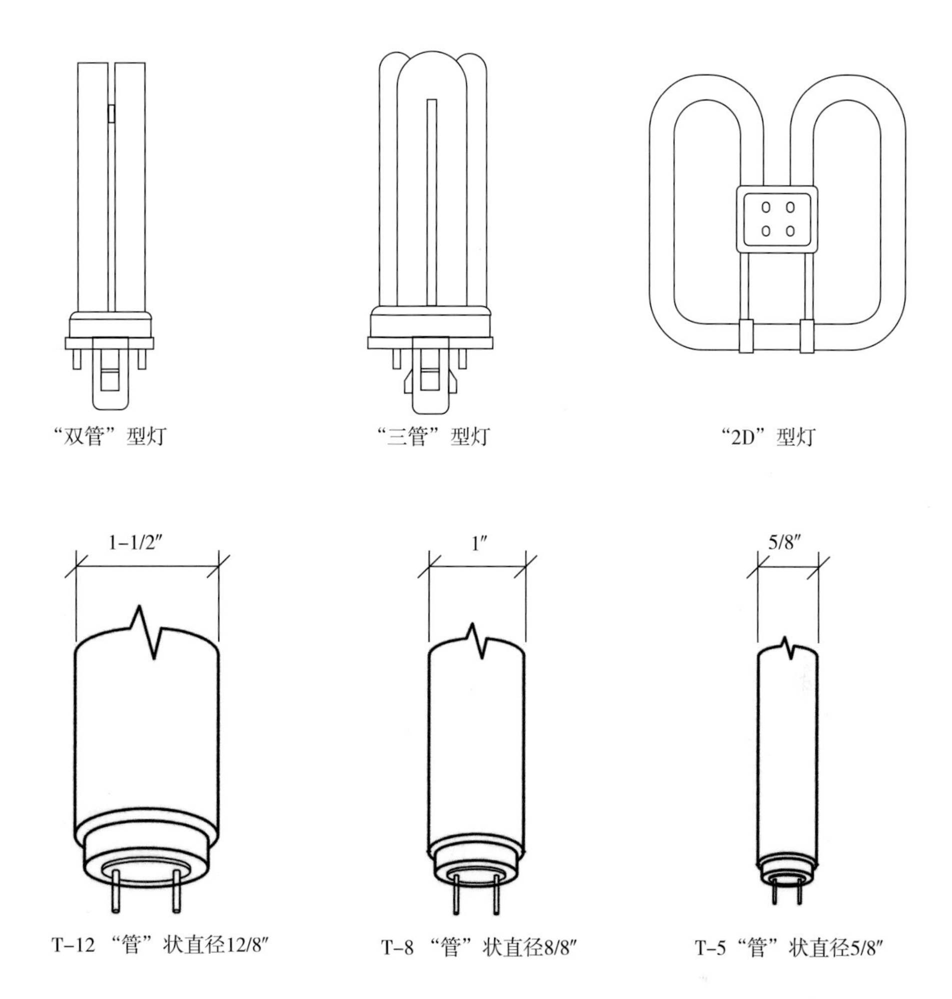


线型荧光灯的常见形状。T-12 是比较老的技术，T-8 是最常见的，T-5 是最新的技术

一根新荧光灯最开始工作的 100 小时内，初始光通量会下降 5%，之后就会慢很多，因此，荧光灯所谓的初始光通量都是指燃点 100 小时后的光通量数值。整个寿命期内的总衰减大约是初始光通量的 15%，下降的主要原因是荧光粉的退化和电极上电子发射物质的挥发，并导致灯管两端管壁逐渐发蓝处理。

不同荧光灯的寿命相差很大，预热型荧光灯平均额定寿命是 7500~9000 小时；细管型荧光灯是 7500~30000 小时；快速启动 / 程度启动型荧光灯是 14000~46000 小时；高输出型荧光灯是 9000~40000 小时；超高输出型荧光灯是 10000~12000 小时。所有荧光灯的启动都会受到环境温度的影响，低温条件下要求的启动电压更高。绝大多数镇流器的输出电压都能保证灯管最低启动温度为 10 摄氏度，对特定种类的电源，镇流器可以让启动温度降到 -30~-15 摄氏度。由于每次启动都会对电极造成损伤，因此热阴极荧光灯的寿命和启动次数关系很大，频繁开关会缩短寿命，每次启动后的工作时间越长，灯管的寿命也会越长，而冷阴极荧光灯的寿命不受开关次数的影响。

荧光灯需要镇流器才能运行，镇流器可以在灯具内部或紧邻灯具安装。有一些可以用来替换白炽灯的紧凑型荧光灯，其镇流器就是内置的。镇流器可以分为电感式和电子式两种，其中电感式镇流器会使荧光灯闪烁不定、嗡嗡作响；而电子镇流器可以满足大多数用途，并且体积较小、质量轻、噪声小、几乎能即时启动。

## 4 高强度气体放电灯

高强度气体放电灯（HID）指的是一种高能量密度的电弧放电光源，与荧光灯及低压钠灯不同，HID 光源中充的是高压气体或蒸汽，用于照明的 HID 光源主要分为三大类：汞蒸气灯、金卤灯和高压钠灯。

HID 光源主要由一个电弧管组成，电弧管中包含两个电极以及一两种金属化合物，这些化合物蒸发并电离后成为导体，让两个电极间发生弧光放电。光源通电以后，启动电极和主电极之间形成电场，让启动气体中的微观粒子发生电离，对于大部分 HID 光源来说，电弧管外面还封装了一层玻璃泡壳。

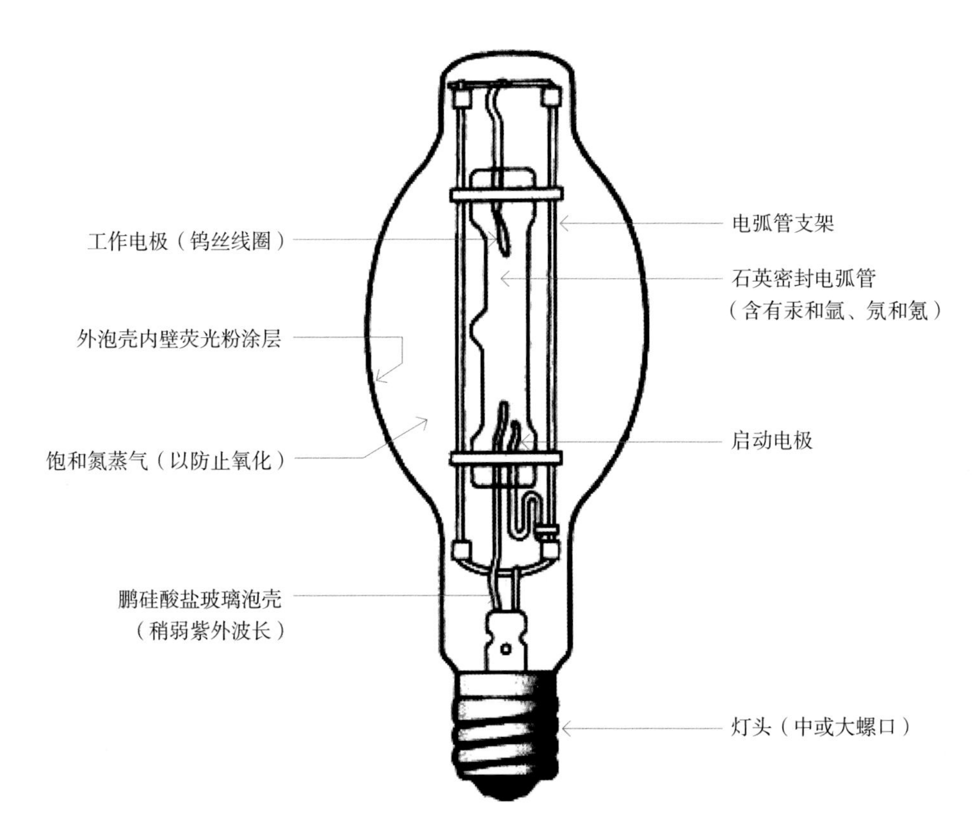


高强度气体放电灯的工作部件

高强度气体放电灯的常见形状

和荧光灯一样，HID 光源也需要镇流器来控制电弧电流，并提供足够的电压以击穿电弧。电子镇流器的效率更高，电弧管电压控制更为精准，能够大大延长光源寿命，并提高颜色稳定性。不同种类的 HID 光源之间寿命差异很大，同时也和工作时的安装方向有关。HID 光源上标称的平均寿命指的是同一批次中大约 50% 的光源失效的时间，通常工作寿命指的是每次开启至少工作 10 小时。高压汞灯的常见故障是无法点亮，几乎所有的汞灯平均寿命为 24000 小时，也就是说 50% 以上的汞灯能够工作 24000 小时以上。金卤灯平均寿命为 7500~20000 小时，具体视功率而定。金卤灯寿命比其他 HID 光源要短，是因为其光通量维持性较差，而且电弧管内的碘化物不稳定。高压钠灯平均寿命为 24000 小时，通常光源到了寿命后期，需要的启动电压越来越高，当镇流器不能提供足够的电压时，光源就再也无法点亮了，超功率工作会让电压迅速升高，轻微的低功率工作不会影响光源寿命。

某些 HID 光源配合特殊的镇流器可以实现调光，但是 HID 光源如果不在百分之百光输出下工作会产生色漂，同时光效降低。随着功率下降，金卤灯的显色性退步到和汞灯接近；高压钠灯会发出接近低压钠灯的橙黄色光。高压汞灯的光色和显色性已经无法再变得更糟，但是流明维持率和寿命会缩短。

目前，HID 调光技术仍然很昂贵。金卤灯和高压钠灯最好是在全功率下运行，不过有时可以通过调光实现部分节能。HID 光源对于调光器的反应速度要大大慢于白炽灯和荧光灯，从最小输出调到最大输出需要 3~30 分钟时间。

优点

运行成本：便宜；
显色指数：良好；
色温：各种各样；
发光效率：优秀；
指向性：好 / 非常好；
寿命：长；
运行温度要求：无；
发热量：相对较少。

缺点

最初成本：高；
镇流器和变压器：需要；
调光：可调但昂贵；
瞬时开启 / 关闭：不可以；
噪声量：有一些。

## 5 LED

LED 光源或称为发光二极管，是电光源领域最先进的技术。LED 以前主要作为录像机这种电子产品的指示灯使用，而现在已经出现了含有红、绿、蓝三色全光谱的产品，并作为重点照明的白光光源来使用。LED 技术的原理是二极管通电后可以发出单一波长的光，与荧光灯的原理相同，为了获得更广的光谱输出，二极管需要与荧光技术配合使用。

优点

运行成本：便宜；
显色指数：良好；
色温：各种各样；
亮度调整：可以；
瞬时开启 / 关闭：瞬间；
指向性：非常好；
寿命：很长；
运行温度要求：无；
发热量：相对较少；
噪声量：无。

缺点

最初成本：很高；
镇流器和变压器：需要；
发光效率：高。

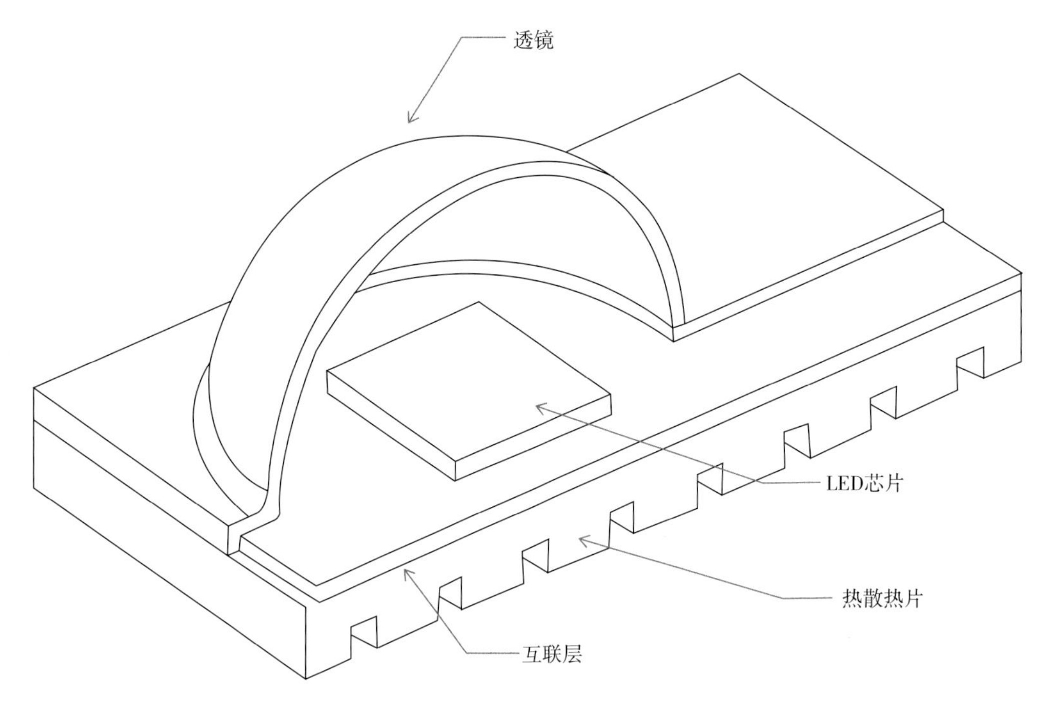


LED 灯的工作部件

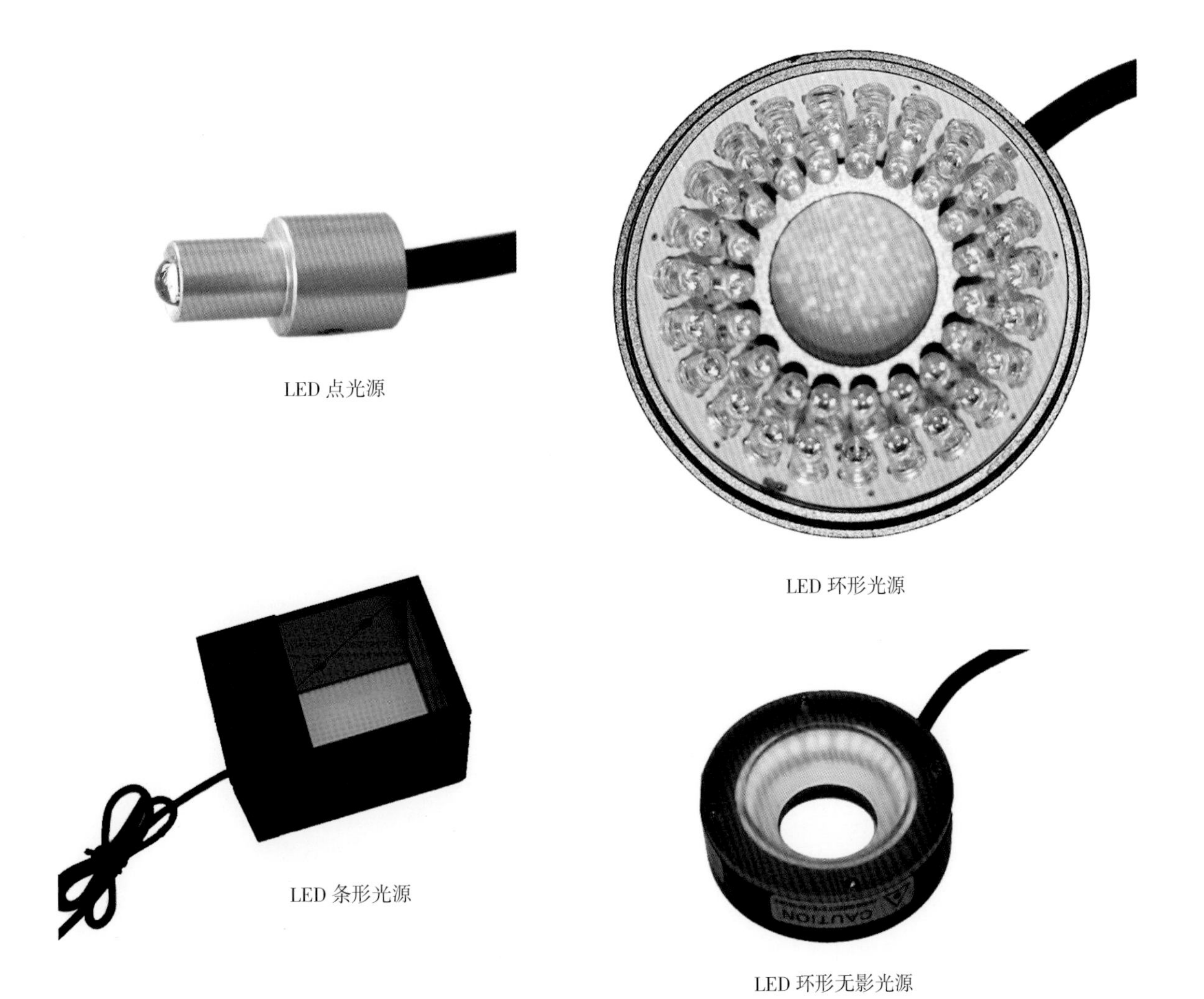


LED 点光源

LED 环形光源

LED 条形光源

LED 环形无影光源

在建筑照明领域，使用的都是高光通量 LED 光源，这些光源里的芯片都加装了散热片，然后当光源装入灯具时，还会再跟整灯的大散热片相连。有些 LED 封装功率可以高达 20W，光通量数千流明。LED 灯泡是用来直接替代标准白炽灯的光源产品，这种灯泡带有中号螺纹灯头，可以直接安装于现有螺口中。

LED 的发光原理与白炽灯和气体放电灯的发光原理都不同，LED 光源的能量转化效率非常高，理论上可以达到白炽灯 10% 的能耗，LED 相比荧光灯也可以达到 50% 的节能效果。光效为 75lm/W 的 LED 较同等亮度的白炽灯耗电减少约 80%，节能效果显著，LED 还可以与太阳能电池结合起来应用，节能又环保。其本身不含有毒有害物质（如：汞），避免了荧光灯管破裂溢出汞的二次污染，同时又没有干扰辐射。LED 光源的不但更加环保节能，而且 LED 光源的光机色域更宽，色彩饱和度更高，更为关键的是，LED 灯饰光源的使用寿命长达 60000 小时，能彻底解决传统灯泡光源寿命短的问题。LED 光源常见的种类有四种，LED 点光源、LED 环形光源，LED 条形光源和 LED 环形光源。

由于典型的 LED 的光谱范围都比较窄，不像白炽灯那样拥有全光谱。因此，LED 可以随意进行多样化的搭配组合，特别适用于装饰等方面。鲜艳饱和、纯正，无须滤光镜，可用红绿蓝三色元素调成各种不同的颜色，可实现多变、逐变、混光效果，显色效果极佳。可实现亮度连续可调，色彩纯度高，可实现色彩动态变换和数字化控制。

## 2. 光源的形式

光从光源中发出的形式主要有两种，一种是柔和的光，它们常常是由使用漫射材料的灯具产生的；另一种是刺眼的、有方向性的光，它们是由使用精密反射镜和透视镜的灯具产生的，通过它们可以让光沿特定的方向发出。而这两种光源的形式之间，最显著的差异在于所创造的阴影和光斑上。伴随着对不同灯具及光源是如何发射出各种分布形式光线的了解，我们可以在设计开始时就做出正确的选择。

漫射照明是指光源发出朝向所有方向的光，就像是经过漫射表面反射后，光就朝向了所有方向。通常漫射光是由大而亮的光源产生的，例如白炽灯泡、管状荧光灯，也可以通过在光源上设置像磨砂玻璃、亚克力板这样的材质增强漫射效果。柔和的漫射照明非常适合营造舒适、悠闲、私密的环境，其通常提供的是趋于均匀的光线，减少了眼睛由于高对比度产生的适应性调节疲劳，在这样的环境中可以提高人长时间视觉工作的舒适性。漫射照明同样非常适用于工作面照明，在减少阴影的同时也会减少眼睛由于对比度引起的适应性调节疲劳。

漫射光源发出的光交错重叠，填补了阴影；随着光的蔓延，光影的界限也开始变得模糊

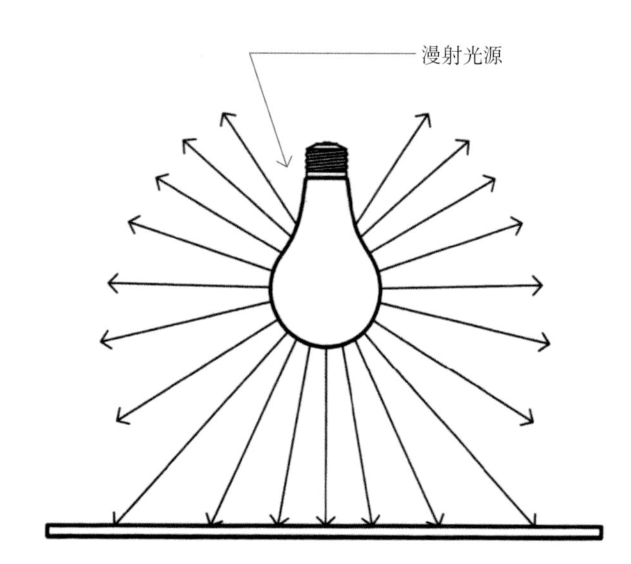


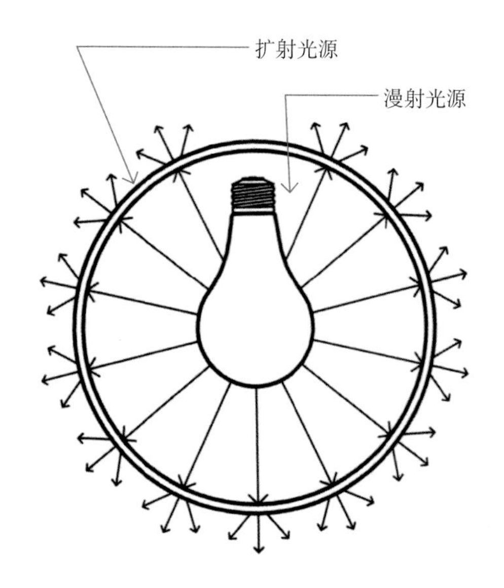


漫射光线均匀地四散发射，灯壳使用漫射材料可以让光源进一步扩散

定向照明是灯具和光源共同作用的产物，灯具可以将从光源发出的光加以限制，并将光线朝向单一方向发射出去。定向照明的效果大多是通过灯具配光设计或者本身形状来实现，可以投射出明显边界的光，例如椭圆形的、柱形的和扇形的光斑，在光斑的中间部位是最亮的，逐渐向两边减弱。定向照明主要用来展示物品，通过将光线集中到某一物体上，这样物体就会比周围环境要亮，制造一个明暗对比，从而达到一个突出的效果。但是有时候这样的明暗对比，也会导致眼睛需要经常调节来适应，所以定向照明在多种工作面照明时是不可取的，过度的阴影会让人在工作中难以集中注意力。

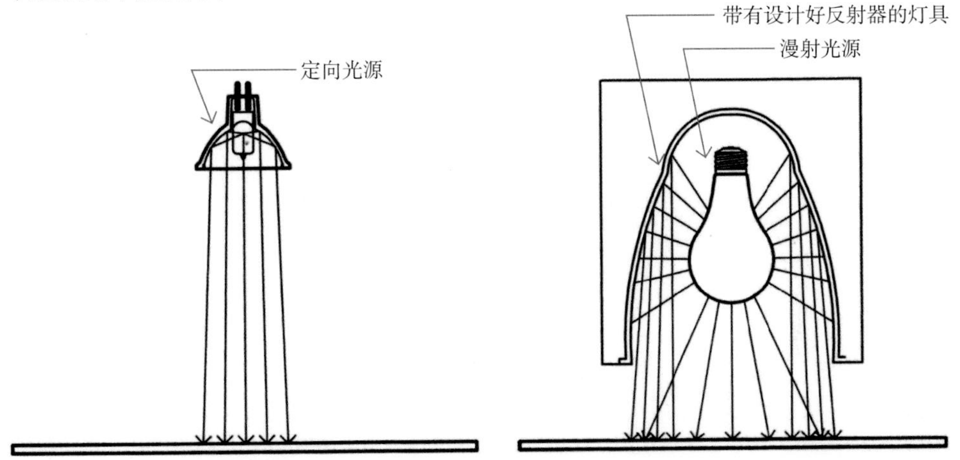


定向光源光线比较集中，利用反射器和光学器件以一种可控的方式发光

定向光源发出的光形状明显，光影界限分明，使用定向光源通常会形成浓厚的阴影和强烈的对比，因为光会被物体完全阻挡而形成阴影

## 1 非常定向光源

非常定向照明通常是由非常定向光源、反射器和小型光源的灯具产生的，可以准确地发出光线。非常定向照明的光线与太阳直射光类似，这类光源灯具可以完美地展示艺术品和装饰品，但是所创造出的光斑和对比度并不适用于照亮一个空间。通常可以使用自带反射器光源的灯具，例如卤钨灯灯具（MR 型灯），也可以使用高强度气体放电灯，一些 LED 光源同样可以提供非常定向照明。

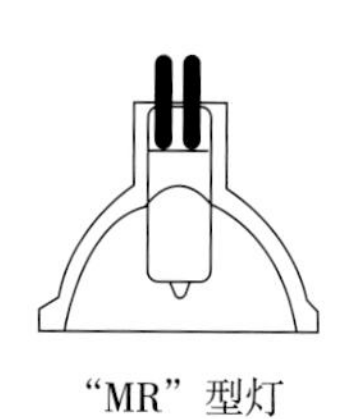

“MR”型灯

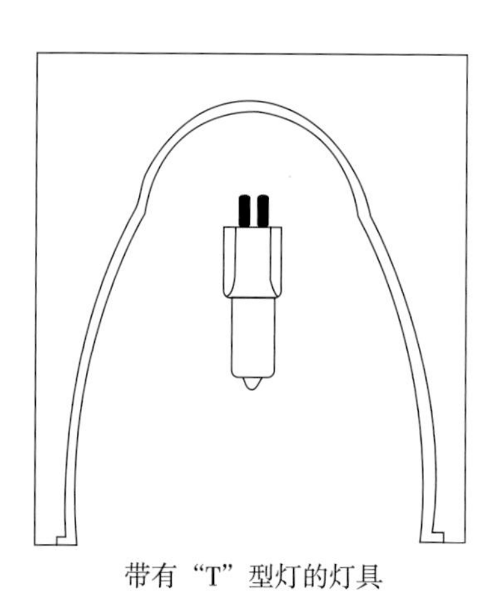

带有“T”型灯的灯具

非常定向光源光线发散示意

## 2 定向光源

定向光源相对非常定向光源，光线效果略微柔和，与未经遮光处理的天空光比较相似，一般使用 PAR 型光源的灯具实现。这类灯具同样拥有反射器，但是使用的是漫射透镜和没那么精确的光学装置，这样就可以创造出稍微漫射的光线。定向光源的照明方式可以完美展现物品细节，对于一些需要创造均质照明的工作面也是可以接受的。

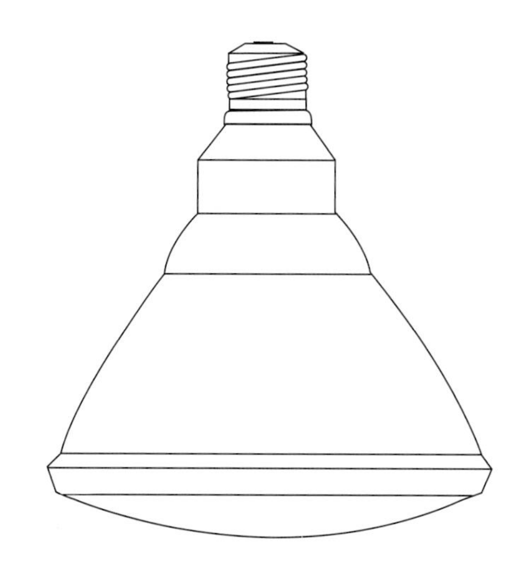

PAR 型灯

定向光源光线发散示意

### 3 非常漫射光源

在非常漫射光源这个类型中使用明亮的全向光源，将其放置在漫射材质的灯具中，从而产生加剧光线漫射的效果。使用无任何反射器的白炽灯和荧光灯就可以得到非常漫射的照明，同时也可以利用漫射的灯具获得漫射光线。这样的光线和阴天所发出的光线一样，可以将整个房间照亮，但是无法当作重点照明来使用。

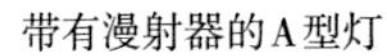

带有漫射器的A型灯

带有漫射器的荧光灯

非常漫射光源光线发散示意

## 4 漫射光源

漫射光源通常通过反射器来获得，当使用漫射的白炽灯和荧光灯光源并在这些光源周边安装大大的反射器，灯具就可以巧妙地发射出洗墙或扇形的漫射光，也可以通过使用白炽灯的 R 系列光源来得到这样的光斑。漫射光源不适合当作重点照明使用，但是可以为聚会区域和工作面照明提供良好的光线。

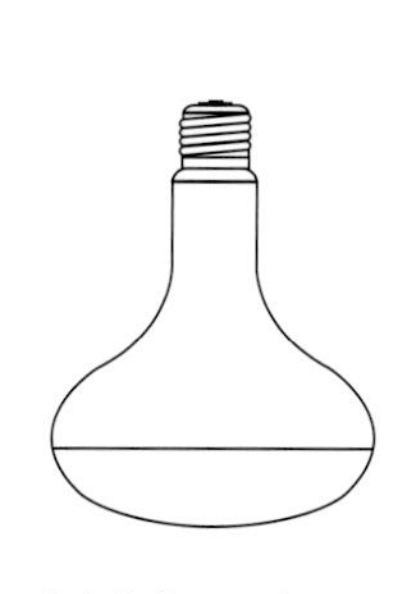

无遮蔽的 R 型灯

带有 A 型灯的灯具

非常漫射光源光线发散示意

拓展知识

# 光斑

大多数定向照明会在墙面上形成不同形状的光斑，这些光斑在明暗之间形成柔和或锐利的边界，可以将其照射到一些特定的物体上。

## 椭圆形光斑

椭圆形光斑带有人工制造的感觉，其轮廓分明的效果增加了空间的视觉趣味与对比度，但过度使用反而会形成视觉上的嘈杂感。大多数定向照明都可以将不同形状的椭圆形光照射在物体表面，常被用在一些需要被突出的物体上，例如，装饰画、摆件。

墙上装饰画用定向照明投射，突出画作的同时形成椭圆形的光斑

射灯投射到墙上的光斑与墙面圆拱形的造型呼应起来，减少了墙面的单调感和高纵深感

## 矩形和线型光斑

利用灯槽的洗墙照明创造出的光斑，非常接近天光在墙壁和窗户上所制造的效果，给人非常舒适、亲近的感觉。同时，建筑中这些连续表面的矩形光斑可以更加突出空间形状。同时，均质的光斑可以减弱聚光灯带来的高对比度，也可以是避免过高对比环境中眩光的好工具。

餐厅顶部的直线灯槽创造出直线的光斑，顶棚的层次感变得丰富

线形光斑能与建筑相协调，还会使人联想到自然光

# 三、灯具与照明装置

## 1. 灯具的产生与发展

自钻木取火以来，人类社会经历了无数次的制造改革和漫长的历史进程，先后使用了动物油灯、植物油灯、煤油灯，然后到近代的白炽灯、日光灯、荧光灯等。

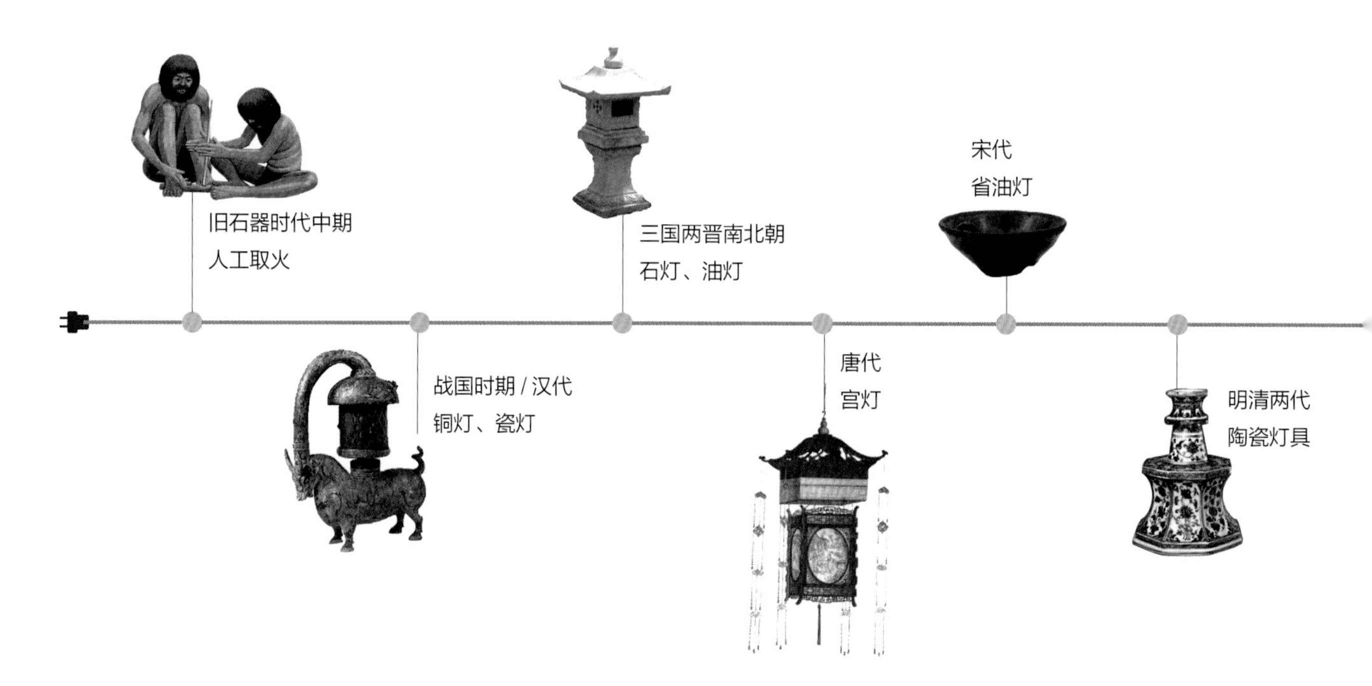


### 1 火光源灯具

旧石器时代早期之前，原始先民只能依靠保存和传递野火来制造光明，到了中晚期，发明了摩擦取火，原始人掌握了火以后，不仅促进了生产力的发展，同时也为灯具的发明创造制造了条件。战国的青铜簋形灯具有照明和盛食双重功能：作为盛食器皿时，就合上盖子，储存食物；当食物用尽，就可以揭开盖子作为灯具使用，在这里可以看到现代工业设计多功能设计思想的雏形。汉代较有创造性地出现了“釭灯”设计形式，从而解决了消烟除尘，环境污染的问题。具有代表性的就是西汉时的长信宫灯，其以生活实用性、结构科学性、造型美观性达到了汉代造灯艺术最高水平，更以其特有的科学、艺术和历史文化等价值被世人所瞩目。

中国封建社会到唐代进入了发展鼎盛时期，经济和文化高度繁荣，人们物质和精神生活都更胜以前。在灯具设计方面，不但大量制造以实用目的为主的灯具，同时大量使用在皇宫中具备照明和装饰双重功能的彩灯得到迅速发展，即人们所说的宫灯。唐代宫灯中的灯笼在设计时考虑到其功能，结构上在椭圆形灯罩的上下各留一个口，让空气能够对流，热空气不断从灯罩上口流出，新鲜冷空气不断从下方补充进来，可用于夜间行路照明。宋朝经济条件和科学技术取得了很大发展，进而促进了商业繁荣和城市进步，这一时期流行的灯是省油灯，也称夹瓷盏。兼具照明和欣赏艺术双重功能的宫廷照明灯具在明清得到了飞速发展，各种材质的灯具不仅更加实用，而且造型更加优美、装饰更加华丽。由于蜡烛工艺得到改进，烛台盛行，南方因地制宜，首先使用植物油制作蜡烛。金属灯具也很发达，有铜、银、锡等材料制成的，也有做成景泰蓝的；在玻璃灯的生产上取得了新成就；明清的固定式和升降式木质烛台相当精致，与当时的建筑装饰风格融为一体。

18 世纪初，西方首先对油灯的结构进行改革，瑞士人阿甘德改进了灯罩造型，并在火焰上面直接罩上灯罩，取消了原本放置于灯罩下面的支架，并把灯

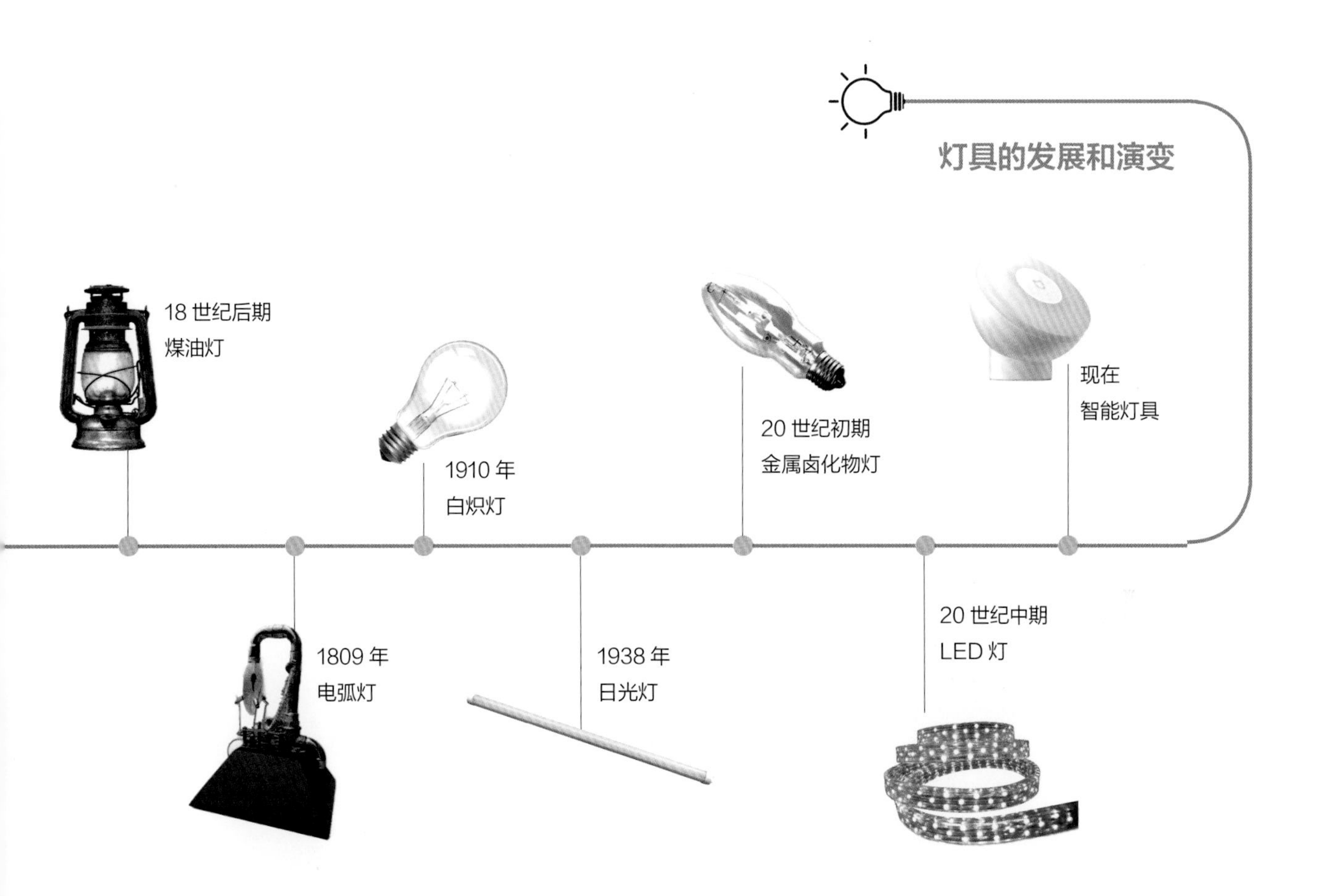


盏和灯油分隔开来。法国人列其耶想到用扁平灯芯取代原来的圆形灯芯，灯芯升降改由棘轮控制，这样更改之后，不仅很大程度上降低了灯油的能源消耗，更保证了灯油燃烧的充分性，而且灯光亮度也可随意调节和控制。19 世纪后期，煤油灯传入中国，煤油灯有灯罩，通风、防风性能好，灯油充分燃烧，基本不冒烟，灯光又比较白亮，受到人们的普遍欢迎。

### 2 电光源灯具

光源革命，源于 19 世纪电学的发展，1808 年英国戴维制成了第一盏电弧灯。俄国人雅布洛奇科夫利用电流制成了“电烛”，从此，人类开始“沐浴”在电照明的光芒里。电烛光太亮，耗电量大，家居照明容易刺伤人眼，所以科学家继续探索，研究发明了白炽灯，但是白炽灯电能损耗特别大，光色偏黄，与日光大不相同，使人的眼睛容易疲倦。1938 年出现了荧光灯，光色接近日光，省电，热耗很少，而且寿命较长，荧光灯灯管使用普通玻璃做成，在内壁涂一层荧光粉，接通电源以后，刺激汞蒸气发射紫外线，紫外线又激发荧光粉发光。金属卤化物灯具通过利用电极之间电流形成的电子束和气体分子碰撞摩擦，激发产生光线，绝大部分能量被转换成可见光，金属卤化物灯具有较高的功率亮度、出色的远程照射能力、良好的光线控制性、优越的灯具防护性等特点，但其结构要比钨丝灯与荧光灯复杂，成本较高。1962 年，GE 公司的半导体实验室用 GaAsP 材料成功地发明了第一个适用于可见光的 LED 光源。21 世纪，在科学技术飞速发展支撑下的 LED 光源，已经成为让全世界照明领域刮目相看的新型光源了。目前，通常的 LED 光源发光效率为 70~100 流明 / 瓦。虽然 LED 光源在发光效率、光通量等指标和传统光源越来越接近，但是 LED 光源发光原理很不同，特有的发光性能优势就越来越诱人。LED 光源在低温、省电和长寿命等方面的优势更是传统光源灯具难以企及的。

## 旧石器时代早期

旧石器时代早期，人们开始懂得利用天然发生的火，如雷电击中树木，狂风吹动树枝剧烈摩擦或物质腐败发热引起的火。人们从这些天然火中获取火种，在洞口或洞内生起篝火，加以保管，不断填放燃料使之不熄。

## 战国时期 / 汉代

战国时期的灯具主要以青铜材质为主，另有少量陶灯，此外，战国时期已有玉质灯，但十分罕见。战国时期青铜灯具的形制主要有人俑灯、多枝灯（又称树形灯）和仿日用器形灯，其中最具代表性的是人俑灯。汉代灯具制作材料主要有青铜、陶、石头和铁，其中青铜和陶瓷更为常见，铁质则多用于多枝灯的制作。在汉代初期青铜灯具工艺更为精湛，使用者大多是贵族，陶灯造型工艺简单，多为普通平民使用。到汉代后期陶瓷技术发展起来，陶瓷灯具工艺也随之迅速发展，出现了很多造型精美、工艺卓绝的陶瓷灯具。青铜灯具慢慢开始退出主流舞台。

## 唐代

我国封建社会重大发展时期是在隋唐，在灯具方面，不但大量生产以实用为主的灯具，同时迅速发展了兼有照明和装饰双重功能的彩灯。皇宫中使用的彩灯，称之为宫灯。从此，中国古代灯具沿着实用灯具和宫灯两条路径共同发展隋唐灯具。随着历史的发展，隋唐时期的灯具已越趋于世俗化，成为祭祀和喜庆活动中不可缺少的用品。那时陶瓷成为具有代表性的灯具材质。

## 宋朝

宋朝又是中国古代科技和文化都比较鼎盛繁荣的一个时代，所以宋朝的照明技术比之前朝有了很大的进步，据史料和考古发现宋代出现了许多蕴含着科技因素和人文理念的灯具，如省油灯、多管灯、无影灯和读书灯。宋代日常使用的灯具有很多，一般为油灯、烛灯和火把三类；观赏型灯一般多是由竹、木或是金属丝做成支架，外面糊上纸、绢，或是全用琉璃和玉做成灯笼或灯球；宋代有些灯具还具备了照明和娱乐的双重效果，扮演着玩具的形象，最出名的便是走马灯，影戏灯，肖型灯和小球灯了。

## 18 世纪初

在 18 世纪，英国人已经开始使用煤油灯，燃烧所用的油是从煤里提炼出来，这种油不但价格昂贵，而且特别容易脏。为了获得亮度更高的照明，英国人在 19 世纪点上了鲸油，这种鲸油不但亮度稳定，而且还散发一种香草的味道，但也导致了鲸鱼被滥捕滥杀。直到 1853 年美国开始使用石油作为燃烧料。从 1860 年开始，煤油灯传入中国，并在上海最先被使用。

## 1808 年

电弧是由于电场过强，气体发生电崩溃而持续形成等离子体，使得电流通过了通常状态下的绝缘介质（例如空气）所产生的瞬间火花现象。1808 年汉弗里·戴维用此现象发明第一盏“电灯”——电弧灯。

## 1910 年

白炽灯，俗名钨丝灯，是一种透过通电，利用电阻把幼细丝线（现代通常为钨丝）加热至白炽，用来发光的灯。白炽灯的灯泡外围由玻璃制造，把灯丝保持在真空，或低压的稀有气体（如卤素灯）之下，作用是防止灯丝在高温之下氧化。传说美国人亨利·戈培尔比爱迪生早数十年已发明了相同原理和物料可靠的电灯泡，而在爱迪生之前已有很多人对电灯的发明作出了不少贡献。

## 1938 年

日光灯也称为荧光灯。1974 年，荷兰飞利浦电子公司首先研制成功了将能够发出人眼敏感的红、绿、蓝三色光的荧光粉。三基色（又称三原色）荧光粉的开发与应用是荧光灯发展史上的一个重要里程碑。

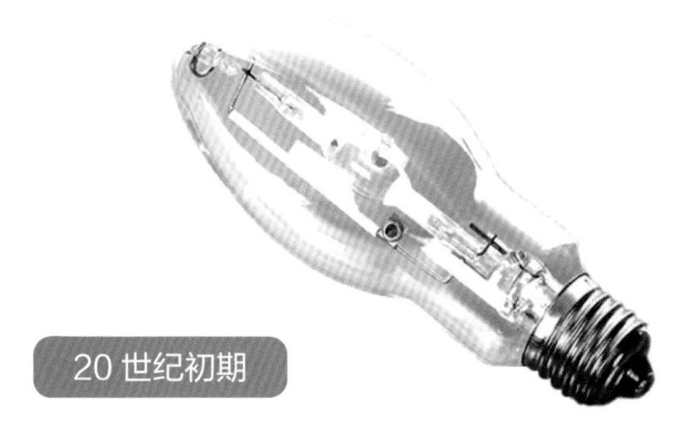

## 20 世纪初期

1911 年，施泰因梅茨发现，在汞放电灯中加进各种金属碘化物时，放电电弧中就会产生这些金属的光谱。但是，当时的放电管温度受玻璃软化点的限制，其光谱强度微弱。1953 年，制成放电中采用碘化钍、不需要电极的微波激发石英发光灯，它产生亮白色的钍发射谱线。50 年代末，为了改进高压汞灯的光色，进行了在汞电弧管内充入各种金属及金属卤化物的试验。1961 年，第一支金属卤化物灯问世，灯内的发光物质不再是汞，而是金属卤化物（钠、铊、铟的碘化物）。金属卤化物灯得到进一步研究和发展。

## 20 世纪中期

20 世纪 60 年代，科技工作者利用半导体 PN 结发光的原理，研制成了 LED 发光二极管。当时研制的 LED，所用的材料是 GaASP，其发光颜色为红色。经过近 30 年的发展，大家十分熟悉的 LED，已能发出红、橙、黄、绿、蓝等多种色光。然而照明需用的白色光 LED 仅在 2000 年以后才发展起来。

## 2. 灯具的特性

灯具的特性通常以配光、亮度分布与保护角、灯具效率三项指标来表述。灯具的功能不仅仅为满足室内照明需求，也是一种增强室内艺术美感的重要要素之一，因此，了解灯具特性，可以将功能与美观结合起来。

### 1 配光

光源发光时，光线的方向是向各个方向的。人们要利用光源达到需要的照明效果，就需要特定的机构来控制光线，对光线的空间分布进行重新调整，使得光线在空间的分布达到需要的状况，这种控制就是配光。

对于电光源，配光就是光源体发出的光线通过封装结构所达到的空间光分布状况。比如，LED 元件是通过支架结构、胶体和一体化的透镜来配光。对于灯具来说，配光就是通过灯具，将光源发出的光线调整到所需的空间光分布状况。

为了了解光源或灯具的空间光分布状况，并指导照明设计，需要测试光源或灯具的空间光度分布。

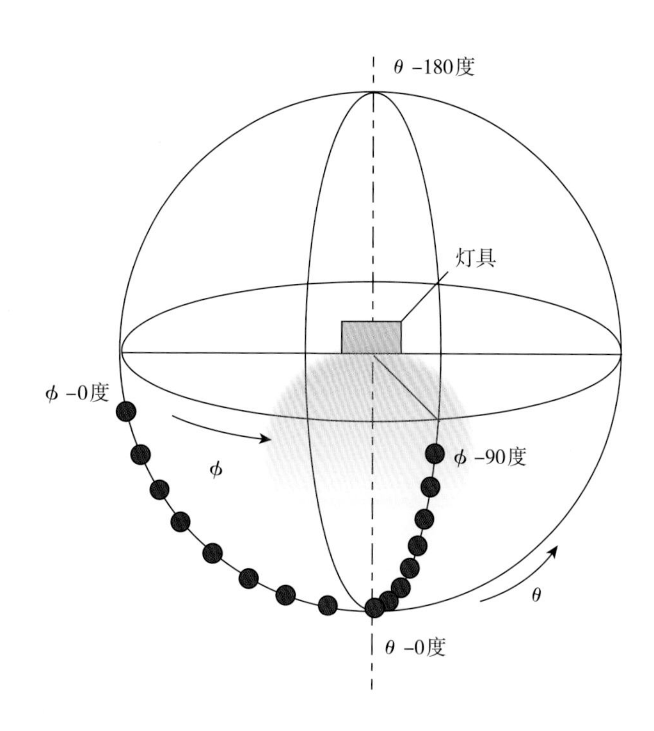


光源或灯具可能向空间各方向出光，为了表达方便，设想一个空间球，灯具或光源的出光中心设置在球心。要得到球面上光度数据，是无穷大的数据量，这既无可能，也毫无必要。实际只是根据光源或灯具的出光特征，选择一些特殊的、过“球心”或光度中心的截面，及适当的角度间隔来测试光强数据。

## 2 亮度分布和遮光角

灯具表面亮度分布及遮光角直接影响到眩光。室内的亮度分布是由照度分布和表面反射比决定的。视野内的亮度分布不恰当会损害视觉功效，过高的亮度差别会产生不舒适的眩光。亮度表示发光面的明亮程度，指发光面在指定方向上的发光强度与垂直且指定方向的发光面的面积之比。我们可以通过以下公式求得灯具的平均亮度：

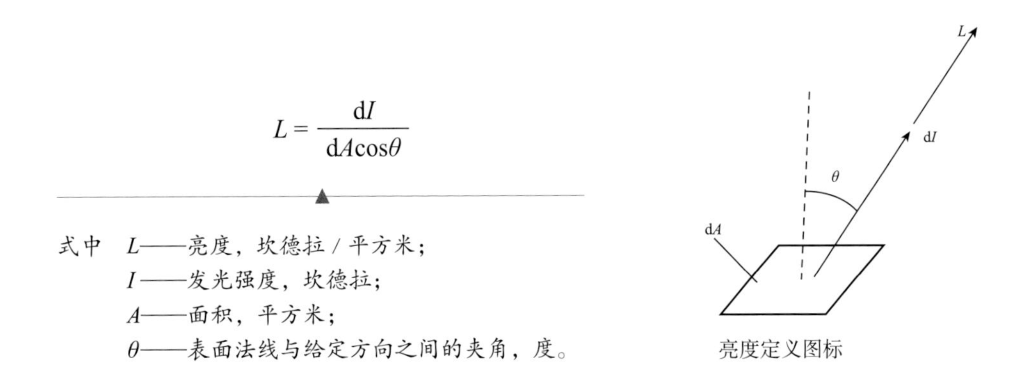


亮度定义图标

遮光角又叫保护角，它是灯具出光口边缘的切线与通过光源光中心的水平线所构成的夹角。是用于衡量灯具为防止高亮度光源引起的直接眩光而遮挡住光源直射范围的大小。一般室内照明要求至少为 10~15 度的遮光角；照明质量要求高的时候，遮光角为 30~45 度，加大遮光角会降低灯具效率。在正常的水平视线条件下，为防止高亮度的光源造成直接眩光，灯具至少要有 10~15 度的遮光角。

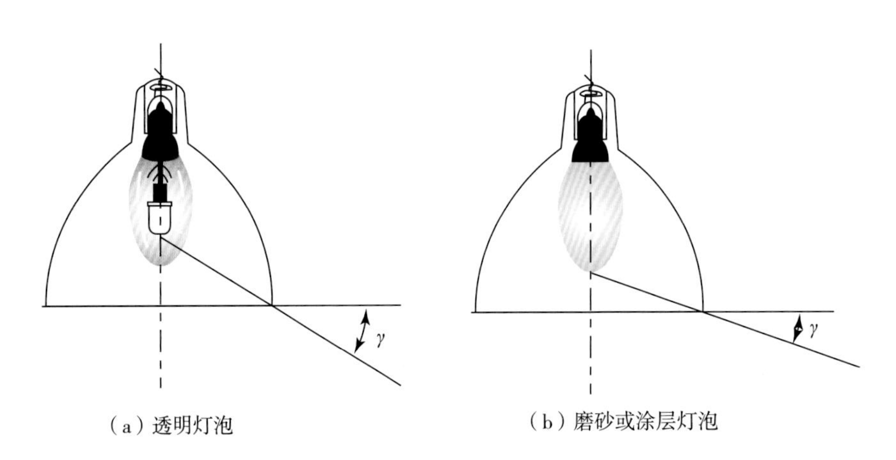


（a）透明灯泡 （b）磨砂或涂层灯泡

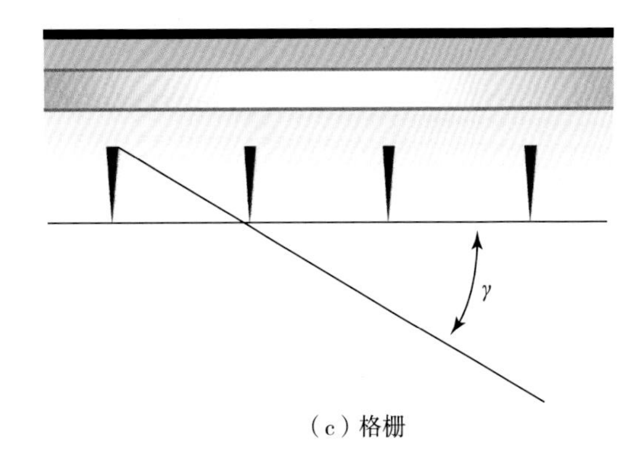


（c）格栅

相同灯具在不同层高的空间，利用系数也不同

### 3 灯具效率和利用系数

灯具效率是指在相同使用条件下，灯具发出的总光通量与灯具内所有光源发出的总光通量之比，它是灯具的主要质量指标之一。光源在灯具内由于灯腔温度较高，所发出的光通量与裸露情况下有所差异，或多或少。同时，光源辐射的光通量经过灯具光学器件的反射和透射必然要引起一些损失，所以灯具效率总是小于 1。

灯具发出的光并不是全部到达工作面上为人们所利用的，对于将工作面上接收到的光通量与光源总光通量的比值定义为灯具的利用系数，记为 CU。

需要注意的是，到达工作面上的光通量既包括灯具的直射光通量，也包括由于相互反射而到达工作面上的光通量。因此，灯具的利用系数既与灯具本身的性能有关，还在很大程度上取决于灯具的使用环境。例如，同样的灯具，在低矮的房间里，利用系数大；在高狭的房间里，利用系数小。若空间顶棚和墙面的反射率高，则利用系数也将增大。

# 控制眩光的五种解决方法

眩光是指由于对视野内亮度分布、亮度范围的不适宜，或存在极端的亮度对比而引起不舒适感或降低观察细部或目标的能力的视觉现象。人眼正常的注意视线范围是平视上方 30 度到下方 60 度，在这个范围内出现刺眼的光线，就是眩光，所以只要灯具发出的光线全部控制在 30 度的光角之内，就可以说这个灯具是防眩光的。

## 遮光角大于 30 度

常规灯具遮光角是根据人正常的视力仰角 30 度设置的，当灯具遮光角大于 30 度时，才能避免光线直接射入人眼。

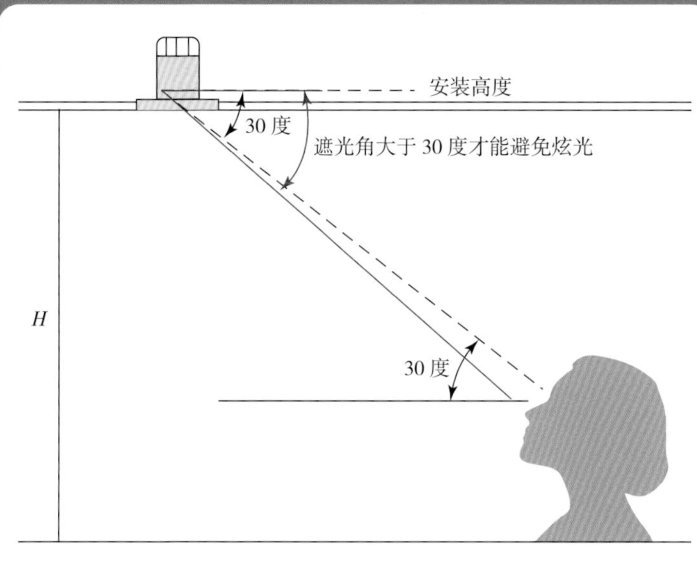


遮光角大于 30 度

## 增大光源的安装高度

深照性灯具是在其他结构不变的情况下，增大光源的安装高度，以达到增大遮光角的目的。

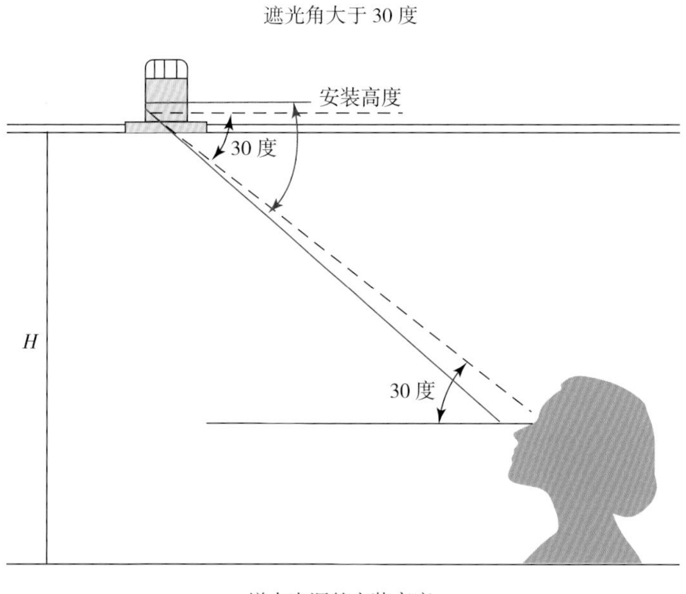


增大光源的安装高度

## 常规灯具＋十字防眩灯具

深照性灯具是在其他结构不变的情况下，增大光源的安装高度，以达到增大遮光角的目的。

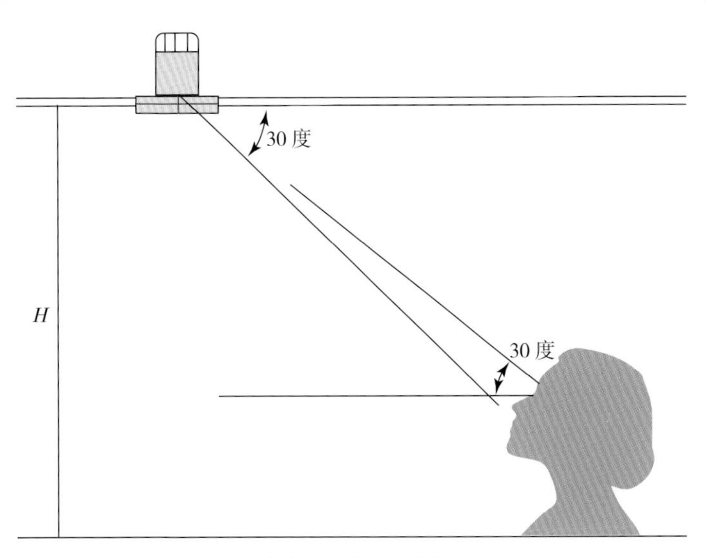

常规灯具＋十字防眩灯具

## 常规灯具＋蜂窝防眩灯具

蜂窝防眩灯具可遮挡各个方向的光线，是所有防眩配件中防眩效果最好的，遮光角可接近 90 度，也是光损最大的。

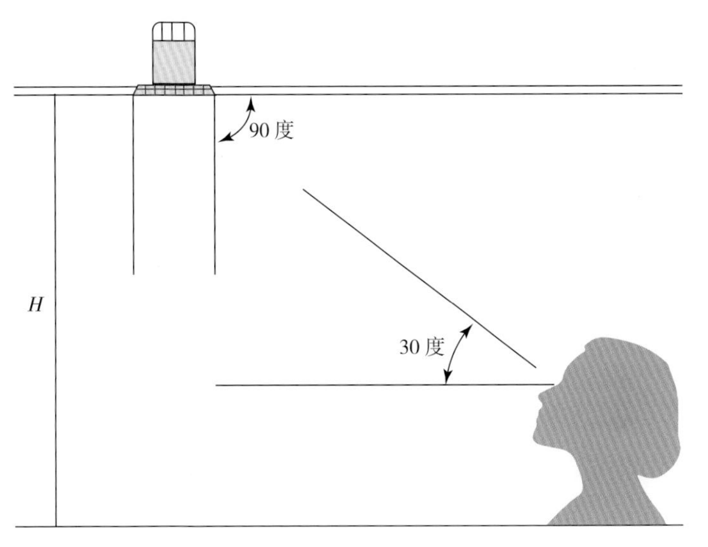

常规灯具＋蜂窝防眩灯具

## 常规灯具＋遮光叶

遮光叶可遮挡各方向的光线，易于灯光进行塑形，可形成从灯具自身的遮光角到完全遮挡光线的效果，是最为灵活的防眩配件。但是由于配件较大，一般会与轨道灯配合使用，在防眩的同时，可提升空间整体形象。

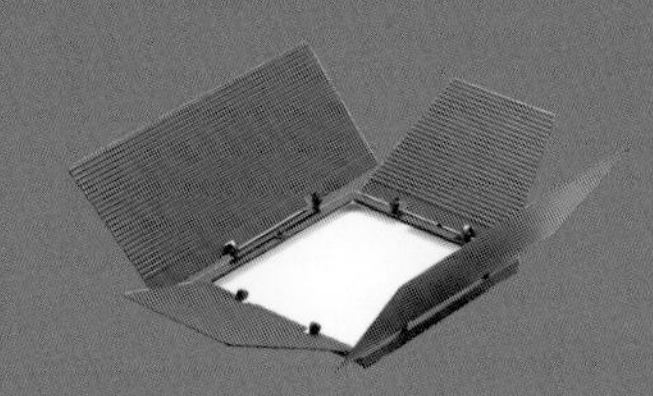

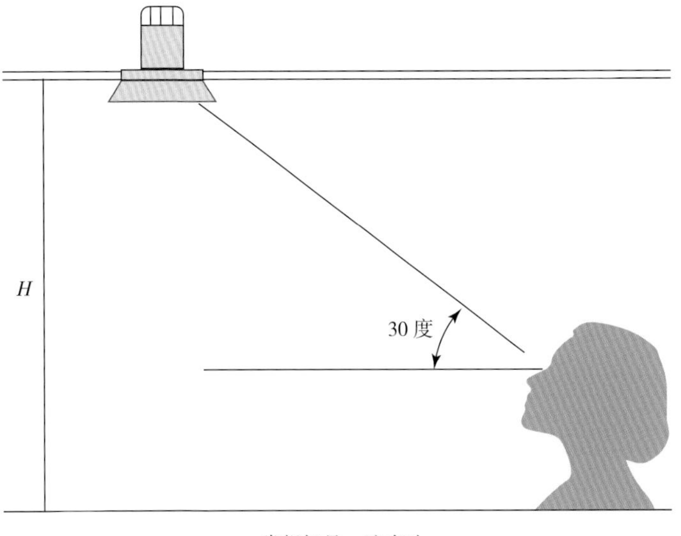

常规灯具＋遮光叶

# 3. 灯具的组成

从严格意义上，灯具是由下列部件组成的：一个或几个光源，设计用来分配光的光学部件，固定光源并提供电气连接的电气部件（灯座、镇流器等），用于支撑和安装的机械部件。其中，在灯具的设计和应用中，最应该强调的是灯具的控光部件，主要由反射器、折射器、遮光器和其他一些附件组成。

### 1 反射器

反射器是一个重新分配光源、光通量的部件。光源发出的光经过反射器反射后，可以投射到特定的方向去。为了提高效率，反射器一般由高反射率的材料制成，例如，铝、塑料等。反射器的形式多种多样，由球面的、柱面的、旋转对称的等。但无论反射器的形状如何变化，其目的都是为了适应各种不同形状的光源和照明环境的需求。

### 2 折射器

利用光的折射原理将某些透光材料做成灯具部件，用于改变原先光线前进的方向，获得合理的光分布。灯具中经常使用的折射器有棱纹板和透镜两大类。现在灯具中的棱纹板多数由塑料或亚克力制成，表面花纹图案由三角锥、圆锥以及其他棱镜组成。吸顶灯灯具通过棱纹板上各棱镜单位的折射作用，能有效地降低灯具在接近水平视角范围的亮度，减少眩光。

### 3 漫射器

漫射器的作用是将入射光向许多方向散射出去，这一过程可以发生在材料内部，也可以发生在材料表面。漫射器可以使从灯具中透射出来的光线均匀漫布开来，并能模糊发光光点，减少眩光。发光顶棚所采用的灯箱片或磨砂玻璃罩就是发挥了折射器的作用。

### 4 遮光器

灯具在偏离垂直方向 45~85 度范围内投射出的光容易造成眩光，因而应予以控制，最好是在此角度范围内根本看不到灯具中的光源。衡量灯具隐藏光源性能的依据是灯具的保护角。对于磨砂灯泡或外壳有荧光粉涂层的灯泡，整个灯泡都是发光体；但对透明外壳的灯泡，里面的钨丝或电弧管才是发光体。当仰视角小于灯具保护角时，看不到直接发光体。因此从防眩光的角度来看，灯具的保护角应大一些。

## 4. 常用灯具分类

灯具具有多样性，不同种类的灯具有不同的特点，其优势和缺点决定了其应用的位置。照明灯具可以按照使用光源、安装方式、使用环境及使用功能等进行分类。

### 1 按防触电保护方式分类

为了电气安全，灯具所有带电部分必须采用绝缘材料加以隔离，灯具的这种保护人身安全的措施称为防触电保护。根据防触电方法，灯具可以分为Ⅰ、Ⅱ、Ⅲ三类，每一类灯具都有一定的性能特点及相应的适用范围。在照明设计时，应综合考虑使用场所的环境、操作对象、安装和使用位置灯因素，选用合适类别的灯具。在使用条件或使用方法恶劣的场所应使用Ⅲ类灯具，一般情况下可采用Ⅰ类或Ⅱ类灯具。

| 灯具等级 | 灯具主要性能 | 应用说明 |
|---|---|---|
| Ⅰ类 | 除基本绝缘外，在易触及的导电外壳上有接地措施，使之在基本绝缘失效时不致带电 | 除采用Ⅱ类或Ⅲ类灯具外的所有场所，用于各种金属外壳，如投光灯、路灯、工厂灯、格栅灯、筒灯、射灯等 |
| Ⅱ类 | 不仅依靠基本绝缘，而且具有附加安全措施，例如双重绝缘或加强绝缘，没有保护接地或依赖安装条件的措施 | 人体经常接触，需要经常移动、容易跌倒或要求安全程度特别高的灯具 |
| Ⅲ类 | 防触电保护依靠电源电压为安全特低电压，并且不会产生高于SELV的电压（交流电不大于50伏） | 可移动式灯、手提灯、机床工作灯等 |

## 2 按光通量分布分类

根据灯具光通量在上、下半个空间的分布比例，国际照明委员会（CIE）推荐将一般室内照明灯具分为五类：直接型灯具、半直接型灯具、直接－间接（均匀扩散）型灯具、半间接型灯具和间接型灯具。灯具光通量分布的差异对照明效果影响很大，是灯具选择时为满足功能要求和追求室内空间氛围所要考虑的重要因素。

### 直接型灯具

直接型灯具上射光通量比与下射光通量比几乎相等，直接眩光较小。适合用在要求高照度的工作场所，能使空间显得宽敞明亮，适用于餐厅与购物场所。但是要注意，直接型灯具不适合用在需要显示空间处理有主有次的场所。

| 光通量比（%） | | 光强分布 |
|---|---|---|
| 上半球 | 下半球 | |
| 0~10 | 90~100 | |

### 半直接型灯具

半直接灯具上射光通量比在 40% 以内，下射光供工作照明，上射光供环境照明，可缓解阴影，使室内有适合各种活动的亮度。因大部分光供下面的作业照明，同时上射少量的光，从而减轻了眩光，是最实用的均匀作业照明灯具，广泛用于高级会议室、办公室。不适合用于很注重外观设计的场所。

| 光通量比（%） | | 光强分布 |
|---|---|---|
| 上半球 | 下半球 | |
| 10~40 | 60~90 | |

### 直接－间接（均匀扩散）型灯具

直接－间接（均匀扩散）型灯具上射光通量比与下射光通量比几乎相等，直接眩光较小。一般适用于要求高照度的工作场所，能使空间显得宽敞明亮，例如，餐厅与购物场所。不适合用于需要显示空间处理有主有次的场所。

| 光通量比（%） | | 光强分布 |
|---|---|---|
| 上半球 | 下半球 | 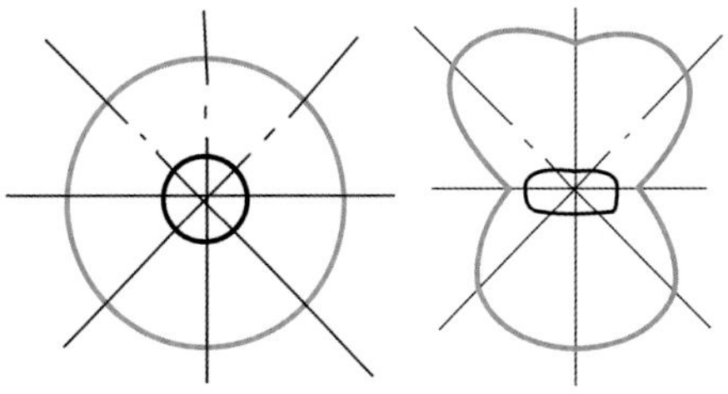 |
| 40~60 | 40~60 | |

半间接型灯具

半间接型灯具上射光通量比超过 60%，但灯的底面也发光，所以灯具显得明亮，与顶棚融为一体，看起来既不刺眼，也无剪影。一般用在需增强照明的手工作业场所，但要避免用在楼梯间，以免使下楼者产生眩光。

| 光通量比（%） | | 光强分布 |
|---|---|---|
| 上半球 | 下半球 | 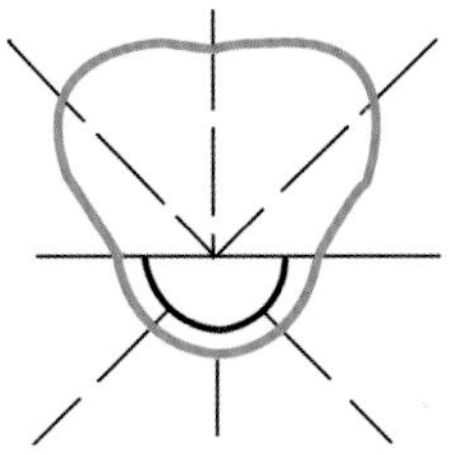 |
| 60~90 | 10~40 | |

间接型灯具

间接型灯具上射光通量比超过 90%，因顶棚明亮，反衬出了灯具的剪影。灯具出光口与顶棚距离不宜小于 500 毫米。间接型灯具适合用于需显示顶棚图案、高度为 2.8~5 米的非工作场所的照明，或者用于高度为 2.8~3.6 米、视觉作业涉及泛光纸张、反光墨水的精细作业场所的照明，但是不适合用在顶棚无装修、管道外露的空间；或视觉作业是以地面设施为观察目标的空间；一般工业生产厂房。

| 光通量比（%） | | 光强分布 |
|---|---|---|
| 上半球 | 下半球 | 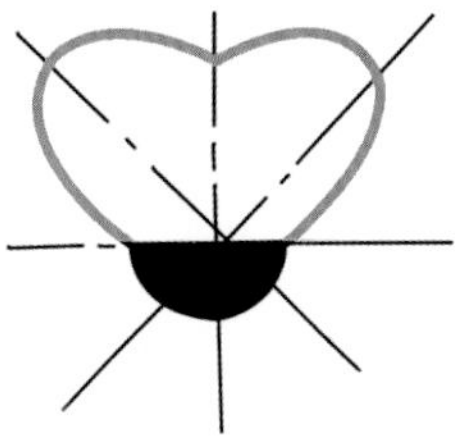 |
| 90~100 | 0~10 | |

## 3 按安装方式分类

室内照明灯具按照安装方式可分为固定式和可移动灯具两大类，固定式灯具又可以分为嵌入式灯具和明装灯具等几类。

### 嵌入式灯具

一般被安装在吊顶上方，几乎完全隐藏在视线外，通过天花开孔来出光。有些嵌入式灯具可以嵌在墙里或者地面。

特点：
与吊顶系统组合在一起；
眩光可控制；
顶棚与灯具的亮度对比大，顶棚暗；
费用高

适用场所：
适用于低顶棚但要求眩光小的照明场所

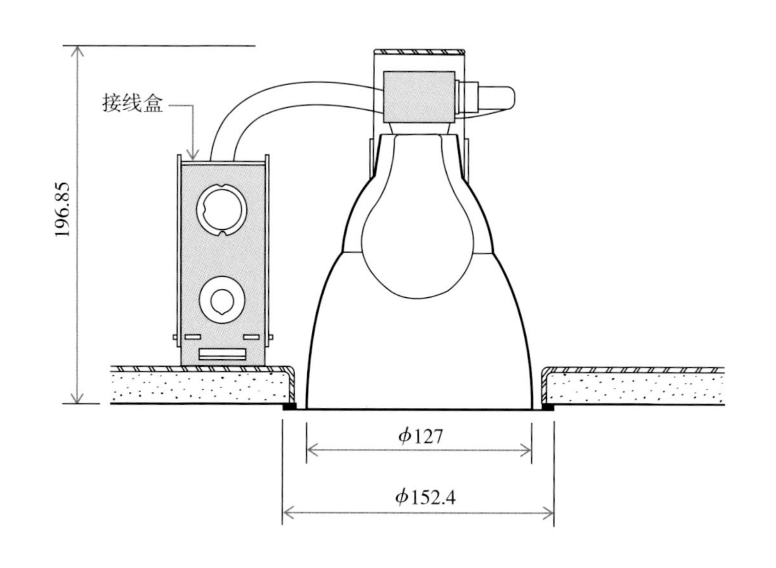


### 半嵌入式灯具

灯具有部分是安装在天花之上，其余部分可以看到。有时候半嵌入式灯具是部分安装在墙内，露出部分用来做投光。少数情况下会有半嵌入地面安装的灯具。

特点：
眩光可控制；
顶棚与灯具的亮度对比大，顶棚暗；
费用较高

适用场所：
适用于低顶棚但要求眩光小的照明场所

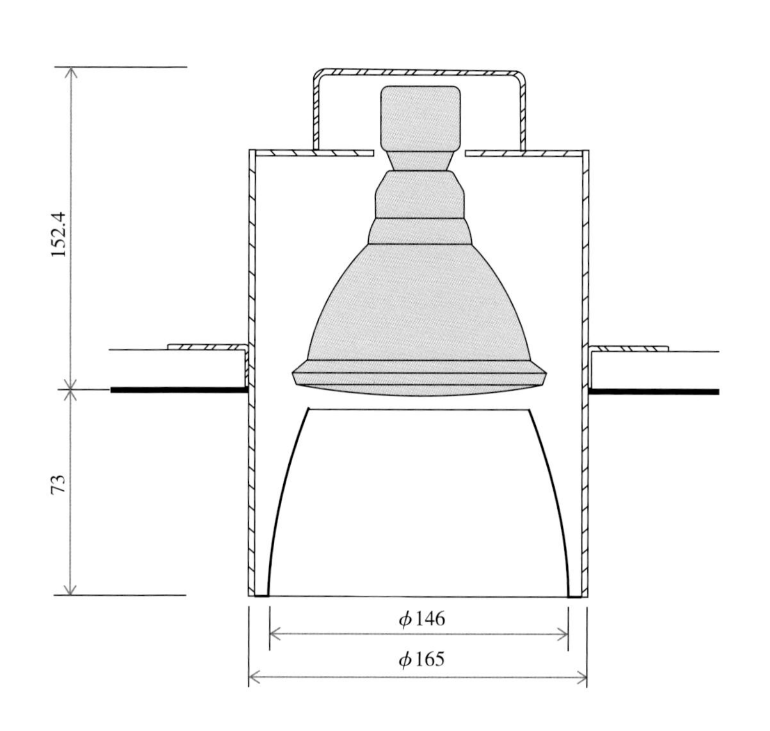

## 表面式灯具

一般是安装于天花、墙面或是地板表面上的灯具。如果天花或墙面允许，那么接线盒还是要藏到完成面里面，让整体外观显得干净；否则接线盒就要明装了。无论哪种情况，灯壳都要能够部分或是全部地遮挡住接线盒，因为明装灯具本身是空间里的一种设计元素。

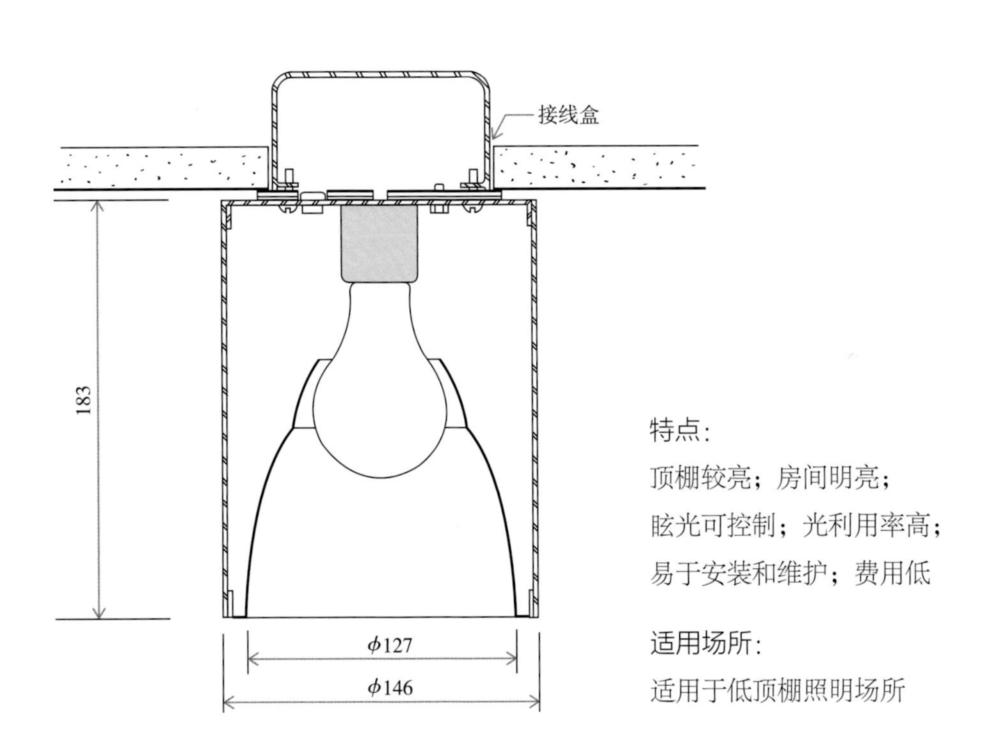


特点：
顶棚较亮；房间明亮；
眩光可控制；光利用率高；
易于安装和维护；费用低

适用场所：
适用于低顶棚照明场所

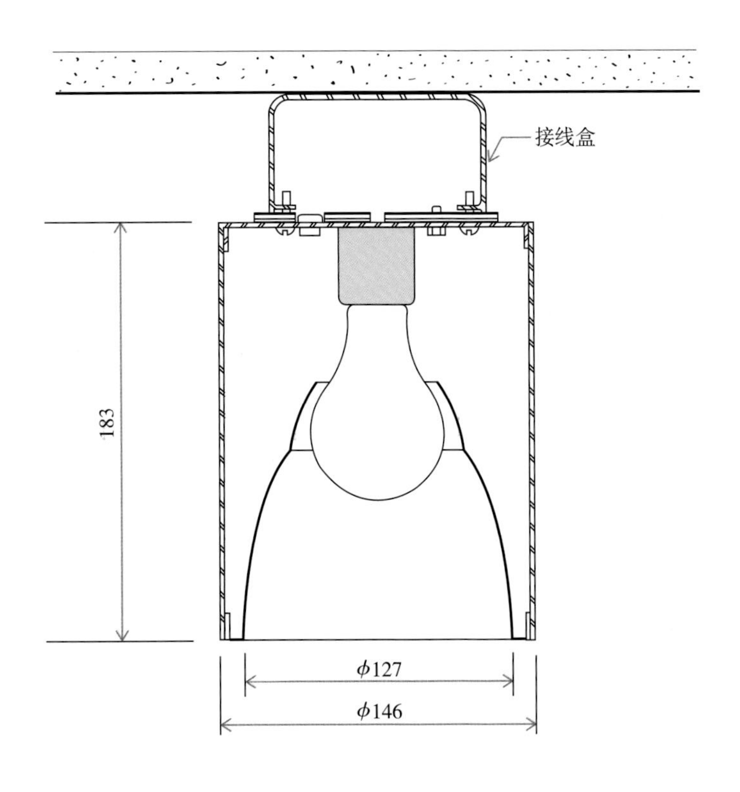

## 悬吊式灯具

悬吊式灯具的接线盒通常也是嵌入安装在天花板吊顶里，不过灯具本体是从天花上悬吊下来的，有的是用吊杆，有的是用链子，也有的用线缆。接线盒表面要加一块盖板隐藏。

悬吊式灯具的目的是让光源离被照面更近，或是为了提供一定的上投光照亮天花板，或两者兼有。有时候悬吊灯具是为了装饰用途。在天花较高的空间，并不是一定要安装悬吊灯具以降低光源高度，这样做会让吊灯本身成为空间里主要的视觉元素。另外可以采取的方法是在天花板安装光束角更集中的灯具。

特点：
光利用率高；
易于安装和维护；
顶棚有时出现暗区；
费用低

适用场所：
适用于低顶棚较高的照明场所

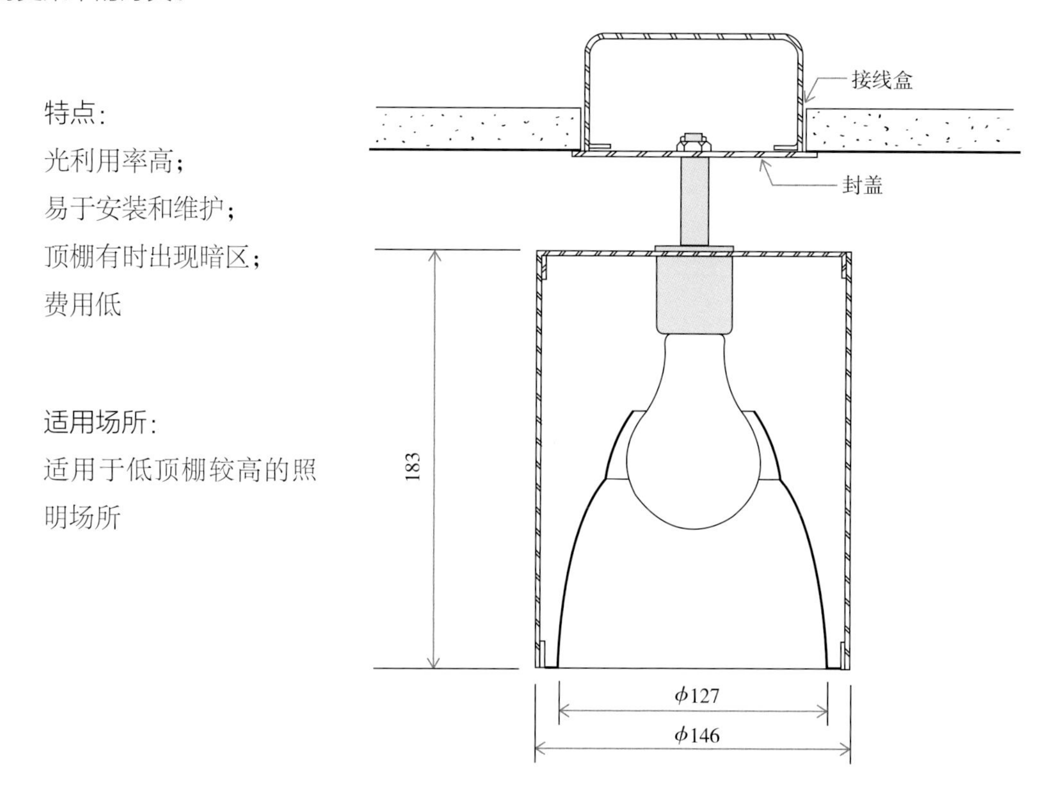


## 轨道式安装灯具

轨道可以嵌入安装、表面安装，也可以悬吊，轨道本身既提供了灯具的支撑，又提供了电气连接，灯体上附加一个变压器就可以通电。轨道式安装的主要好处是安装灵活，尤其适用于被照物和被照面经常变动的空间，多见于博物馆或画廊。

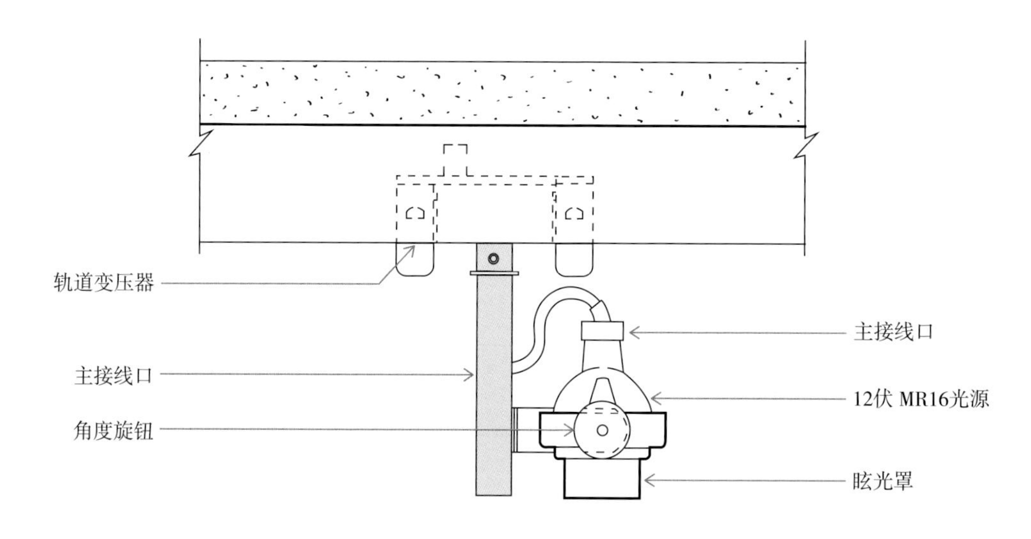

## 4 按照明功能分类

灯具根据照明的功能又可以分为五类：筒灯 / 下照灯、洗墙灯、重点照明灯具、任务照明灯具和混合照明灯具。

### 筒灯 / 下照灯

筒灯的光分布产生是由上而下的，通常都是轴对称的。筒灯在大型空间内大量使用，以提供均匀明亮的环境照明，同时给水平面提供基本的照度。

### 洗墙灯

洗墙灯是提供一种相对均匀的类似“洗亮”照明的灯具，通常是对墙面进行照明，有时也照亮天花。在中等大小的房间里，墙面是视野中最主要的建筑元素，所以洗墙照明也就成了照明设计中的重要手法。为了避免被照立面的顶部产生高亮反射，墙面通常需要做亚光处理。镜面表面无法使用这种手法照亮，因为大部分照墙的光线会被反射到地面和天花上，墙面并没有被强调。

照亮墙面主要有两种方式：一是在平行于墙面的天花上，安装一排非对称配光的洗墙灯具，离墙距离大约是墙面高度的 1/3，然后灯与灯之间的间距和灯到墙的距离一样；二是在离墙很近的天花上设计一条连续通长的灯槽，在里面安装连续的线条洗墙灯。

可以看到左边那一面弧形的墙上虽然没什么装饰物，但是这一面墙十分均匀地被照亮了。看上去特别的舒服

## 重点照明灯具

可调角度重点照明灯具产生非对称的聚光对准一个或多个物体。这类灯具通常采用方向性光源。这类灯也叫作射灯，其作用是给被照物体提供聚焦光，同周围背景形成强对比，嵌入式可调角度重点照明灯具通常水平方向可旋转 360 度，垂直方向上可调节 0~35 度、40 度或 45 度。表面安装、悬吊式以及轨道安装的灯具垂直方向可调角度范围更大，可以达到 0~90 度以上。

无论是什么样的安装方式，可调角度重点照明灯具的外罩通常都设计带有防眩光遮光片，避免人眼直接看到光源。不过廉价的灯具可能缺少眩光控制，光源的直射眩光会令人不适。当用来照亮艺术品或其他更大的物体时，重点照明灯具可能会配上线性拉伸透镜以改变配光，让光斑边沿更为柔和。线性拉伸透镜通常都是由硼酸硅玻璃制成，一般设计时专门拉伸某个方向的光束。如果没有拉伸透镜，那么这种灯具照射出的是对称的圆形光斑，专门聚焦在小体积的物体上。

重点照明灯具目的是创造一定的对比度，因为他们打出的光照度不均匀。中光束到宽光束的灯具提供中等的对比度，而窄光束灯具提供高对比度。

## 任务照明灯具

任务照明灯具让光源距离被照面很近，通常是为了对工作面照度进行补充，因为天花照明系统的照度可能不够，也有可能由于遮挡造成阴影。局部的任务照明灯具通常效率都很高，因为光源离被照面很近，所以只需要消耗很低的功率。任务照明灯具提供的照度能够满足精细的纸面文字工作，同时环境照度只需要维持相对较低的水平，保证视觉舒适度。

任务灯具通常安装在橱柜或是书架下方、工作面的正上方。这个位置会造成反射眩光，特别是会在工作面上形成光幕反射。解决方法就是使用光学透镜，阻拦垂直光线，将其转向为侧面投射到工作面，去除光幕反射。

对于展示空间而言，可调节的重点照明能够多方位、多角度地对展品提供聚集的光线，从而更好地突出展品

玄关柜下的任务照明灯具

衣柜内的任务照明灯具

## 5. 灯具位置的安装

将灯具安装在哪里也是照明设计重要的一个步骤之一，目前室内照明设计的流行趋势是将所有灯具都安装于顶棚，让光自上而下地发射下来，但这并不是唯一的安装方式。

### 1 安装在顶棚上

将光线是向下照射的聚光灯具安装在顶棚上，不仅可以照亮墙面，而且由于经过空间中长距离的传播，可以增强空间整体亮度，同时也可以发挥扩展空间及标识建筑界限的作用。

安装在顶棚的灯具可以是有装饰效果的灯具，不仅可以照亮空间，也能带来不错的装饰性

对于走廊等采光条件较差的空间，安装在地面上的灯可以让人看清楚脚下

## 2 安装在地面上

将灯具安装在地面上或楼板的凹槽内，通过洗墙或连续向上透光的方式来对顶棚和挑檐进行照明，以此来创造光的边界。但是这种照射方式并不符合自然光线由上向下的散射方向，所以可以获得特别的照明体验。向上照明的光可以提供高度与垂直的感受。

安装在地面的灯向砖墙上投射光线，减少过高层高带来的空旷感，同时砖石材料在光线的照射下呈现出独特的质感

## 3 安装在墙上

在墙体表面或内部安装灯具，发出的光向上照亮顶棚。落在顶棚上的光线就可以开启一个空间并增加这个空间的体积感知。一个明亮的顶棚可以模拟出明亮天空的效果并传递出开敞的感受。在有些经常不需要工作照明的简单环境中，来自被照亮顶棚的均质光线可以满足所有照明需求。

另一种安装在墙上的灯具，将光源藏于挡板背后并将光照射向背后的墙面，形成一系列有序的光斑，具有装饰性和功能性。这种安装方式适用于顶棚和地面无法安装灯具的空间。

光被圆形金属灯具遮掩，反射到墙面上形成淡淡的光晕，给人一种装饰品的错觉

墙面的灯具为下方的餐桌提供柔和的光线

## 4 建筑一体化照明

建筑一体化的照明方式中光从灯槽的凹槽向墙壁和顶棚照明，可以在空间中创造洗墙和明亮表面的效果。这种与室内结构结合的照明方式是利用建筑结构，在视线范围内看不到的地方安装灯具，利用间接照明的手法，从反射面获得柔和的光线，并通过反射面的渐变使平面更显明亮，长距离地使用这种照明方式可以增强空间的几何感。

其中天花板灯槽照明可以照亮天花板，降低天花板较低的空间所形成的压迫感，形成宛如天窗一般的展示效果。但是照明器具的装设位置与照射面若是太接近，则只有跟光源接近的部分会被照亮，从而无法形成美丽的渐变。

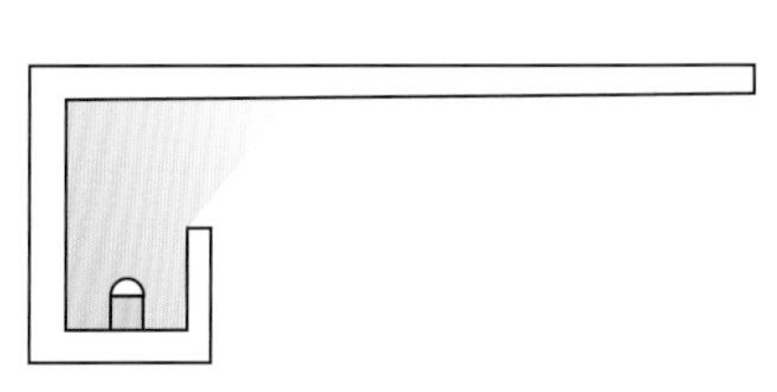

天花板灯槽照明示意图

窗帘檐口照明也属于建筑一体化照明，它可以照亮墙壁，给人宽广的感觉。在商店的内侧墙面使用这种手法，白天行人也能很容易看到商店里面，从而吸引人进去。

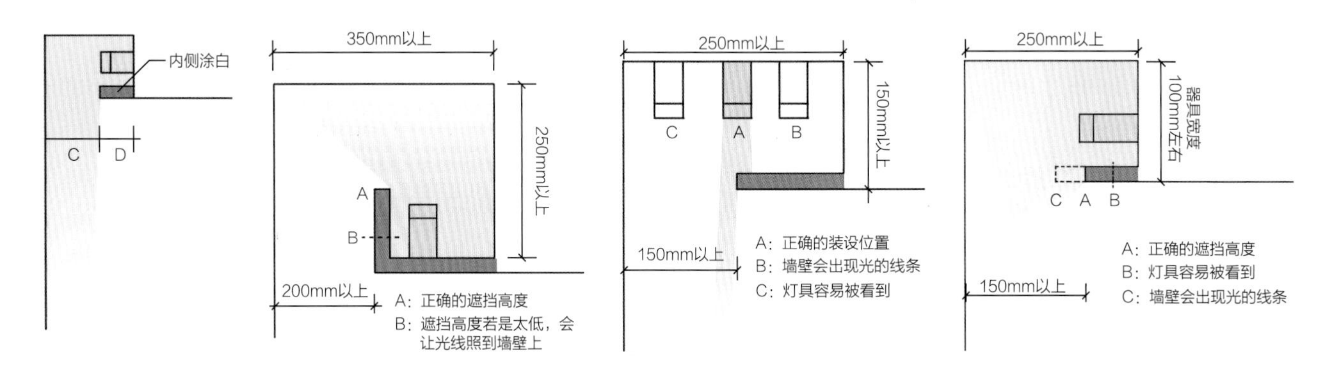


窗帘檐口照明示意图

融入家具中的照明，将照明灯具融入室内家具之中，既能得到适当照明，又不会产生电线凌乱等问题。可以装到家具上方或下方，但是要考虑到天花板和地板的表面材质。

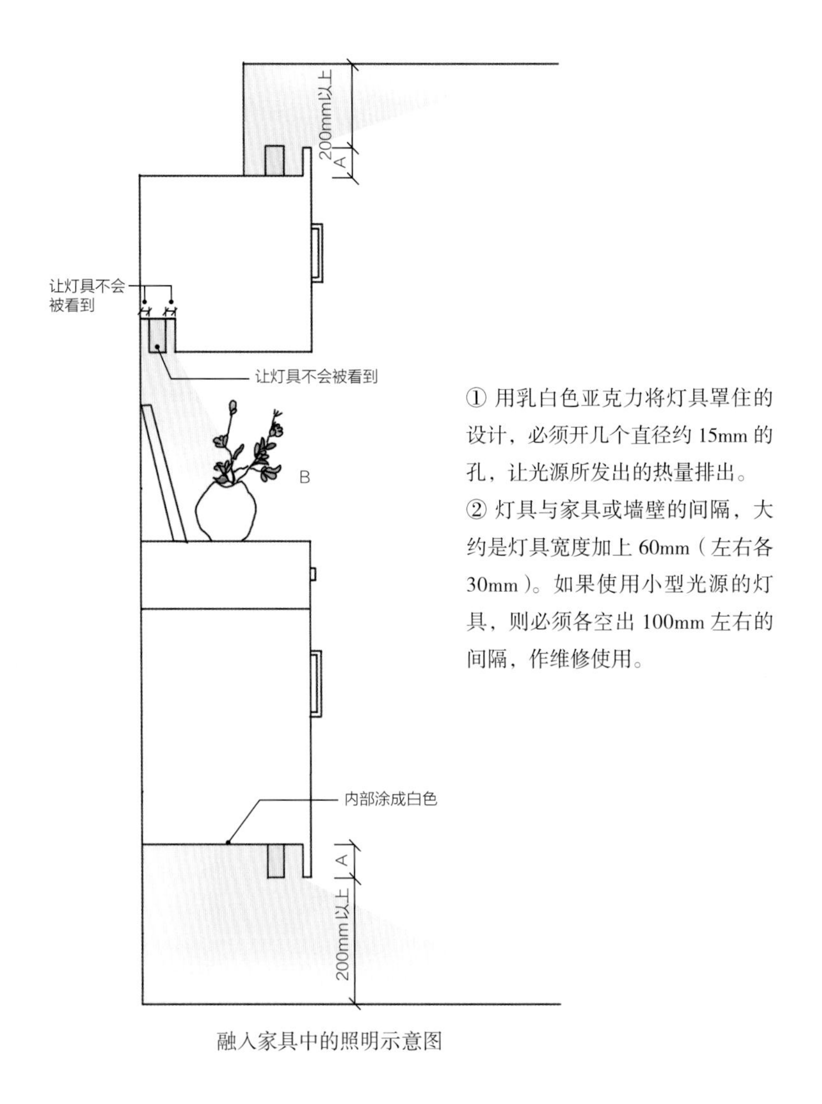


① 用乳白色亚克力将灯具罩住的设计，必须开几个直径约 15mm 的孔，让光源所发出的热量排出。
② 灯具与家具或墙壁的间隔，大约是灯具宽度加上 60mm（左右各 30mm）。如果使用小型光源的灯具，则必须各空出 100mm 左右的间隔，作维修使用。

融入家具中的照明示意图

# 第四章

# 影响光环境设计的因素

在对室内进行光环境设计时，不单单要考虑功能性需求的达成，而且还要注意考虑可能对设计有所影响的因素，否则最终效果呈现时，会有所偏差。影响光环境设计的因素有很多，只有了解这些影响因素，并学习控制它们，才能使光环境设计更加贴合空间。

# 一、空间形态

## 1. 界面形态对光环境设计的影响

光可以随空间形态的变化而变化。如果光在方形的空间中，就被认为是方形；如果光在圆形的空间中，就被认为是圆形。所以我们可以利用墙面或顶面的镂空造型来塑造光的形态，这种方式使用较为普遍，易于控制光的形态，制作图案精细的光斑。界面镂空造型背后的光源可以是人工照明，也可以是自然采光。

在墙面上制造出镂空的小短线，光从墙里透出来，就形成线形的光斑，非常的好看

在墙面上制造出镂空的小短线，光从墙里透出来，就形成线形的光斑，非常的好看

外立面上的圆洞，为室内引入些许阳光，连接着里外两个世界。炽白的光束顺着孔洞照射进来，映得里面的幽暗那么的不真实，仿佛身处另一个世界。感到好奇的人们可以从圆洞往里看，客人们也可以从里面往外看，两者的互动为这庄重的立面添加了许多趣味

混凝砖搭建的空腔墙可以用作空气过滤器，除尘的同时为屋内带来新鲜空气，减少屋内的热气之外还能让阳光通过，从而形成变化的光斑

## 2. 灯具形态对光环境设计的影响

灯具的形态可以改变空间的氛围，一般灯具的形态以点和线的形式出现，非常有艺术感。例如曲线形的灯具形态会给人柔和、婉转的感觉，点状的灯具会给人简洁、利落的感觉。

直接使用灯泡用曲线串联起来，从而塑造出柔和的光氛围

## 3. 发光体的形态对光环境设计的影响

发光体是利用光的表现力创作的三维立体作用，是物质性的实体形态和非物质性的虚体形态的结合。通过发光体的造型塑造或具有独特魅力的光的形态来加强发光体造型的表现力和艺术性。

发光体产生的漫射光柔和地照亮环境

# 二、光源色彩

在光环境空间设计中，色彩包含两层含义：一是灯具本身的光色，二是经过灯光照射后，经过于物体材质发生的吸收、反射或透射后所呈现的颜色。人眼所观察到的颜色是灯光与物体固有色相互作用下所呈现的颜色。光源色、固有色与显现色三者之间互为因果关系，任何一方的改变都会引起其他两方面色彩的变化。

## 1. 光环境中的色彩

### 1 光源色

在光与色的相互作用之下产生光源色，物体只有受到光的照射之后，才能呈现出明暗与色彩，相同的物体在不同的光源下呈现出来的色彩是不同的。在光环境设计中，照明光源的颜色质量由两个方面决定，即色温和显色性。

#### 色温

色温是人眼观看到的光源所发出的光的颜色，即光源的表现颜色。它是光线颜色的一种表现形式，是描述光线颜色的物理量。在照明技术中一般用色温或相关色温来表示光源的色表，色温单位一般用开尔文（K）表示。设计中我们常用这个颜色体系来描述光源，像荧光灯、发光二极管和高强度气体放电灯。这些光源色温的描述只是近似，光源与光源之间不同，甚至品牌和品牌之间也会不同，这都会造成很多光源色温的差异，但基本上用色温来描述光源的颜色是有效的。

光源色温不同，给人在心理上的感受也不同，低色温有暖的感觉，高色温有冷的感觉。冷暖感是因为我们适应了太阳光，而对太阳光的色温产生适中感，即光的冷暖界限是以其色温与日光色温的比较而产生的。为了调节冷暖感，可根据不同地区不同场合的情况，采取与实际感觉相反的光源来增加舒适感。如在寒冷地区宜使用低色温的暖色光源，而在炎热地区宜使用高色温的冷色调光源。

一般大于 5000 开尔文，所显示的颜色为冷色，3300~5000 开尔文属于中间，小于 3000 开尔文的通常为暖色。具体来说，色温为 2500 开尔文左右的光呈浅橙色；色温为 3000 开尔文左右的光呈橙白色；色温为 4500~7500 开尔文左右的光近似白色（其中 5500~6000 开尔文的光最接近白色），日光的平均色温约为 6000~6500 开尔文。值得注意的是，几乎对于所有光源，描述它们的色温和其本身的工作温度没有任何关系，但是，对于白炽灯或卤钨灯，色温的意义会有所不同，这主要是因为它们的工作原理是通过加热金属钨丝发光的，这样光源的色温就与金属钨丝的温度有关。

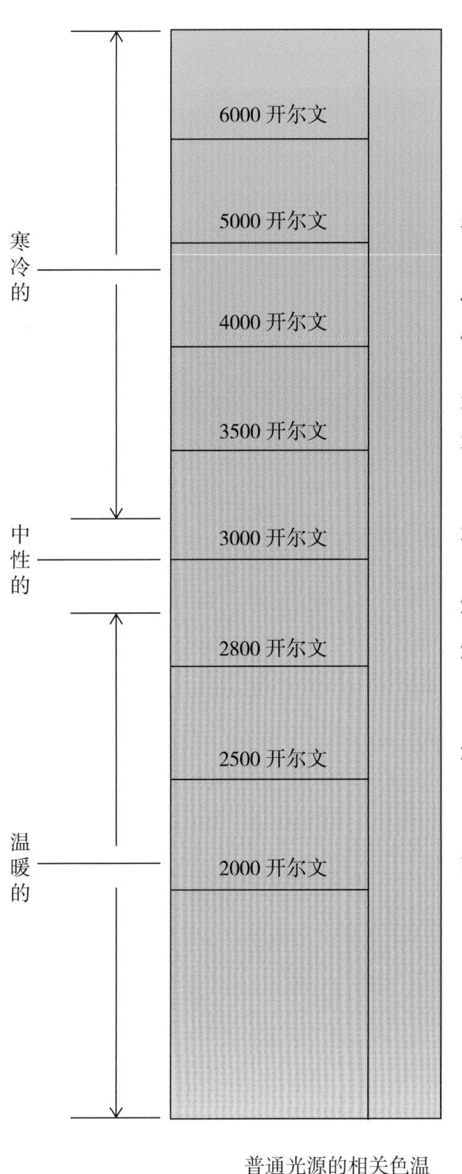


普通光源的相关色温

酒吧

快餐店

当然，色温与照度也有关系，在低照度时往往用低色温光源，随着照度的增加，光源的色温也应提高。在不同照度下，光的颜色效果带给人的心理感受是不一样的，例如在小于 500 勒克斯的照度下，色温较低的暖光会使人产生舒适的感觉，随着照度的增加，人们会感觉燥热和刺激。相反在色温高的冷光下照度高的会产生舒适的感觉，低照度则会使人产生阴冷的感觉。咖啡厅、酒吧等餐饮空间照度一般都比较低，暖光用得比较多。冷饮店、快餐厅等空间，高照度时采用冷色，一般在 300~400 勒克斯左右。较高的色温可以体现冷饮店的氛围，从光环境中就能感受到凉爽之意。低照度一般用粉红、浅橙或淡黄等暖色调的光，人的肤色显得温和自然。低照度时低色温，也就是暖色调会使人感到愉快、舒适，餐饮空间中咖啡厅的设计就是采用的这种光环境，幽静而温暖。而高色温的光在低照度时会使人感觉阴沉、昏暗，所以一般像快餐厅的光环境设计都采用高照度，使人感觉舒适、愉快。因此，低照度时宜用暖色光，在室内创造亲切轻松的气氛；高照度时宜采用冷色光，给人以活泼的气氛。

## 显色性

光源的显色性也是反映光色的一种方式，它是指在光源的照射下，与具有相同或相近色温的黑体或日光的照明相比，各种颜色在视觉上的失真程度，即光源对它照射的物体颜色的影响作用。

当光照射到某一物体上时，物体对光表现出来有选择地反射、透射和吸收。所反射或透射出的是与物体颜色相同的色光，则观察者就能感受到物体的颜色。用不同种类光源的光去照射同一物体，由于光源的光谱成分不同，物体反射或透射出的光谱成分也就不同，从而使人们得到不同的颜色感觉。对物体表面的颜色，质感显现会产生重要影响，要显示出环境中色调的真实面貌，就要选择正确的光源。只有在适当的高照度下，颜色才能真实反映出来，低照度不可能显出颜色本性。由于我们长期在日光下生活，习惯了以日光的光谱成分和能量为基准来分辨颜色，所以在显色性测定中，将日光或与日光很接近的人工标准光源的一般显色指数定为 100。

显色指数的原理和表达方式都十分简单。一个光源的显色指数范围可用 0~100 表示。显色指数在 60 和 70 左右的，并不能作为展示颜色的光源使用；显色指数在 80~90 之间的可以完成展示颜色的任务；显色指数在 90 以上的可以非常准确地显示颜色，适合于对颜色准确性要求高的环境。

餐厅中所设计的照明要使餐品显现出鲜美诱人的外观，就要考虑到光源要有良好的显色性，还要考虑根据不同种类的餐品来选择适合的光照方式。通常大部分照明环境多要求光源的显色指数一般在大于 85 的范围，显示性较好，一般用在商店、医院、住宅、餐厅等。小于 85 的一般用在办公室、学校。对于餐饮空间来说，当然要根据餐厅的性质和餐品来设计适合的显色指数，在进行照明设计时，应以这些标准为基础，根据餐饮功能来选择光源的显色性。但是，现在的显色性评价是以颜色再现的忠实性为基础的，所以，有时颜色的观感与显色效果不那么统一，例如，在选择灯具时，虽然高压钠灯的平均显色指数较低但是经过该光源照明的物体颜色却让人感觉比较满意。

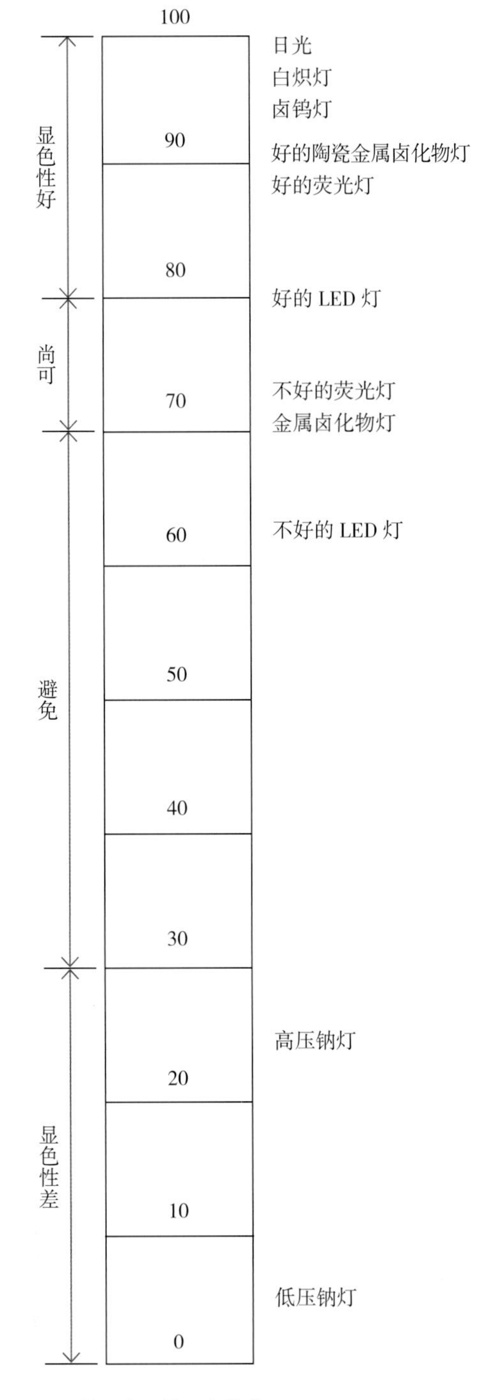

普通光源的显色指数

商场

住宅

## 2 固有色

物体真实的色彩我们称之为固有色，只有在全光谱的光环境中才能看到物体的真实颜色。在白光照明下，各种物体呈现不同的颜色是它们不同的光谱相对能量组成的辐射光刺激人眼而产生的。一般说来，非透明物体（或称反射型物体）受照后的辐射光由两部分组成，即物体表层的散射光和表面的反射光。入射光仅能进入只有几个波长厚度的物体表层中，光能被物质微粒部分吸收并散射出剩余的光能，形成散射光。散射光引发的颜色成为体色。如果发生选择性吸收，则体色是彩色，如果是无选择性吸收，则是非彩色。

物体表面还能直接反射光线。当表面显得十分平整光滑时，这种反射特性尤其明显。反射光引发的颜色称为表面色。大多数表面色的色调与入射光的色调相同。因此，这类物体的颜色是由物体的散射光和反射光相加混合后的综合颜色效应，是体色和表面色的复合。

例如，瓷器、玻璃制品在白色灯光照射下，显露出各自体色的同时，还在其表面浮现出白晃晃的反光，通常称为“光泽”。增加了物体辐射光中的白色成分，提高了物体颜色的明度。如果有色物体的表面十分光滑，在白光的照射下，它的直接反射光较多、较强，与散射光相加混合中占有一定的优势，使体色的饱和度发生较大的下降。有色物体在色光的照射下，直接反射光不仅影响到体色的明度，而且还影响到体色的色调。

以中国国家大剧院为例，建筑的体色为透明玻璃和灰色钛金属板，自然光下的国家大剧院呈现出暖灰色的光泽；而夜晚，在冷色光源映衬下的国家大剧院给人以与白天截然不同的色彩感受。如果各种颜色的光照射在物体上，几乎无法辨认物体的固有色时，在设计中就应该控制光线对物体固有色的影响，视具体情况而定。在娱乐空间中，辨认物体的固有色不是首要的，但是在较为正式的场合或者展览空间，要求对物体固有色的辨识度较高，就要尽可能减少有色光对环境物体固有色的影响。

白天的中国国家大剧院呈现银灰色的色彩感觉

夜晚的中国国家大剧院呈现暖黄色

白天下的室内空间主要以黑色和灰色为主，主张冷硬的工业感，夜晚开启灯光之后，暖色的光线照射在地板上，形成温暖感十足的橙色光晕，原本较暗的地板也显得温馨起来。隐藏在墙面的灯带向顶面发射着光线，原本生硬的灰色顶棚变成灰黄色，整个空间在光线的照射下变得更加亲切

## 3 显现色

物体固有色被光源改变之后呈现的颜色就是显现色。物体的显现色容易受到光源显色能力的影响，并不受光源色的影响。比如，同样是 3300K 色温的荧光灯和高压钠灯，看起来都是暖黄色的，但是因为荧光灯的显色指数更高，所以呈现的显现色也更接近固有色。

我们所说的“某某物体具有某种颜色”只是一个相对概念，它是指该物体在白光下通常呈现的颜色。在不同光源的照射下，同一物体同一颜色会显示出不一样的色彩效果。灯光导致的色彩倾向偏移具有普遍性，在室内环境设计中应用广泛。因此，我们必须对常见光源及光线照射下一些常见的物体色有一个正确的预见，避免色彩对环境照明设计产生影响。

### 白炽灯

白炽灯发射出来的光线是一种色温较低的橙黄色的光。按照加色混合的原理，其他物体颜色可用橙黄色的光源色加上该物体本身的颜色来求得。因此，在普通灯光下观察色彩，要充分考虑到加色的因素。由于普通灯光的照度比自然光低，物体表面的反射光也相对较弱，使灯光照射下的物体像笼罩着一层淡淡的黄色调，物体的色彩比自然光下看到的更加整体和统一。在这种灯泡的照射下，物体色会发生下列色彩变化。

白炽灯下物体的色彩变化

| 自然光下呈现的色彩 | 普通白炽灯下呈现的色彩 |
| --- | --- |
| 红色系物体 | 含有黄色光泽的红色 |
| 黄色系物体 | 带有光亮的橙黄色 |
| 橙色系物体 | 显得更加灿烂的橙色 |
| 绿色系物体 | 暗沉的黄绿色 |
| 蓝色系物体 | 偏暗的灰蓝色 |
| 紫色系物体 | 偏暗的紫色 |

### 荧光灯

在荧光灯的照射下，物体的颜色与自然光下的颜色还是不一样。一般说来，日光灯光线倾向蓝紫色，蓝色系的物体色彩饱和度会有所增加，而红橙色系列的色彩饱和度都会有所降低。

荧光灯下物体的色彩变化

| 自然光下呈现的色彩 | 普通荧光灯下呈现的色彩 |
| --- | --- |
| 红色、橙色物体 | 低明度、低饱和度的红色、橙色 |
| 黄色物体 | 土黄色系饱和度降低 |
| 蓝色、绿色物体 | 高饱和度的蓝色 |
| 紫色、红紫色物体 | 明显偏蓝色 |

### 彩色灯光和其他灯光

如今，在商业、娱乐场所以及节日活动中，彩色灯光的设计日趋增多。在过去，科技水平有限，人们直接依靠太阳、火把、油灯、蜡烛等光源照明，后来逐渐意识到运用色光照明能够增添环境艺术氛围。

随着社会的进步，当今彩色灯光创造的形式愈加丰富，但不论形式如何，彩色灯光由于其光源色具有较高纯度的色相特征，比其他任何光源的色彩偏移都强。有色物体在彩色灯光的照射下，出现较复杂的变化，有时的变化是平时难以想象的。

彩色灯下物体的色彩变化

| 自然光下呈现的色彩 | 彩色灯下呈现的色彩 |
| --- | --- |
| 黑色物体 | 在红色光照射下变成黑紫色；<br>在绿色光照射下变成深橄榄色 |
| 白色物体 | 在蓝色光照射下变成蓝黑色；<br>在彩色光照射下接近其光源色 |

## 2. 光环境色彩对情绪的影响

色彩与情绪是密切相关的，色彩可以引发人的各种情绪反映。在物理学和生理学方面，由于赤、橙、黄、绿、蓝、紫各有不同的波长，对人的色视觉刺激的程度各有不同，因而所产生的情绪反映也各有不同。红色波长最长，能使人感到兴奋；蓝色波长最短，能使人感到宁静。

在心理学各方面，不同的色彩会使人产生联想，因而产生相应的情绪反映。当人们看到与大自然固有的色彩一样的颜色时，自然而然地就会联想到与大自然相关的情感体验，这是最原始的影响。又如，当我们看到蓝色时自然就会想到大海和天空，感受到它们的广阔和宁静；看到红色，会联想到火焰而感到热情，或者联想到花朵进而感到甜美。

### 1 单块色彩的情绪心理反映

红色

在众多色彩中，红色最容易引起人的注意，最具动感，使人情绪热烈、兴奋、激动、紧张， 激发爱的情感，同时给视觉以扩张感和迫近感。红色又具有强烈的刺激性，常常会使人联想到鲜血和火焰，容易引发人的注意，提高警觉。

黄色

黄色是所有色彩中最明亮、最轻快的颜色。因此给人留下明亮、辉煌、灿烂、快乐、亲切、柔和的印象，使人兴高采烈，充满喜悦之情。

蓝色

提到蓝色，人们会联想到天空和大海。因此，蓝色常常带给我们清凉的感觉、海阔天空的开放感和宁静安详的深远感。蓝色作为冷色调，使空间具有幽深感，是后退色，给人后退和远离的感觉。蓝色因有令人沉静的感觉，因此具有抑制激烈情绪的作用，它可以调节人的神经，镇定安神，并使人心胸开朗。

橙色

提到橙色，人们往往会联想到鲜艳的水果，耀眼的太阳，进而体会到成熟和幸福的感觉。橙色还能提高人的消化机能，增进人的食欲，给人香甜的感觉。橙色是光明、健康、希望的象征，也是宗教的颜色。

绿色

绿色是自然界的代表色，象征希望和生命，代表着和平，使人产生安定、恬静、温和之感。因为绿色本身具有黄色和蓝色两种色彩的特征，因此又具有冷暖平衡感，是一种具有稳定情绪的色彩。医院的手术室内的墙面及医生、护士的工作服都使用绿色，其原因首先是绿色给病人以生命、希望的联想，稳定病人的情绪；另外也是医生视觉互补的需求，在手术过程中，长期注视红色（血色），会引起眼睛疲劳，有补色需求，我们运用这种互补关系，增加视觉平衡，从而稳定医生情绪，提高工作效率。

白色

白色是在我们的生活中最常见的无彩色，可以与所有鲜明的色彩搭配，起着稳定色彩的作用。在人们的感情上，雪一样的白色比任何颜色都清静、纯洁。

灰色

灰色居于黑与白之间，属于中等明度的无彩色。灰色很容易给人平淡、空虚、枯燥，甚至沉闷、压抑、颓丧的感觉，使人感到郁闷、空虚。

黑色

黑色蕴含的情感有时是矛盾的；一方面是积极的，让人联想到庄重、严肃、坚毅、神秘、高贵；另一方面又是消极的，使人联想到黑暗、恐慌、冷酷、悲痛、罪恶，使人失去方向感，增添恐怖、烦恼、忧伤之感。

## 2 色彩的共感

人们接受外界光的刺激之后，在视觉形成色的同时往往还伴生着种种非色觉的其他感觉——色彩共感。常见的色彩共感包括温度感、距离感、重量感和硬度感等。

第一，色彩的温度感。我们将色彩分为暖色系和冷色系两种，暖色系以橙色为中心，越远离橙色，则温暖感越低；冷色系以青色为中心，越靠近青色，则寒冷感越强。色彩的温度感是强烈的共感觉现象，影响着人的情绪和心理变化，与人们的视觉和心理联想有关，是视知觉的常规反应，其表现与人的需求相一致。

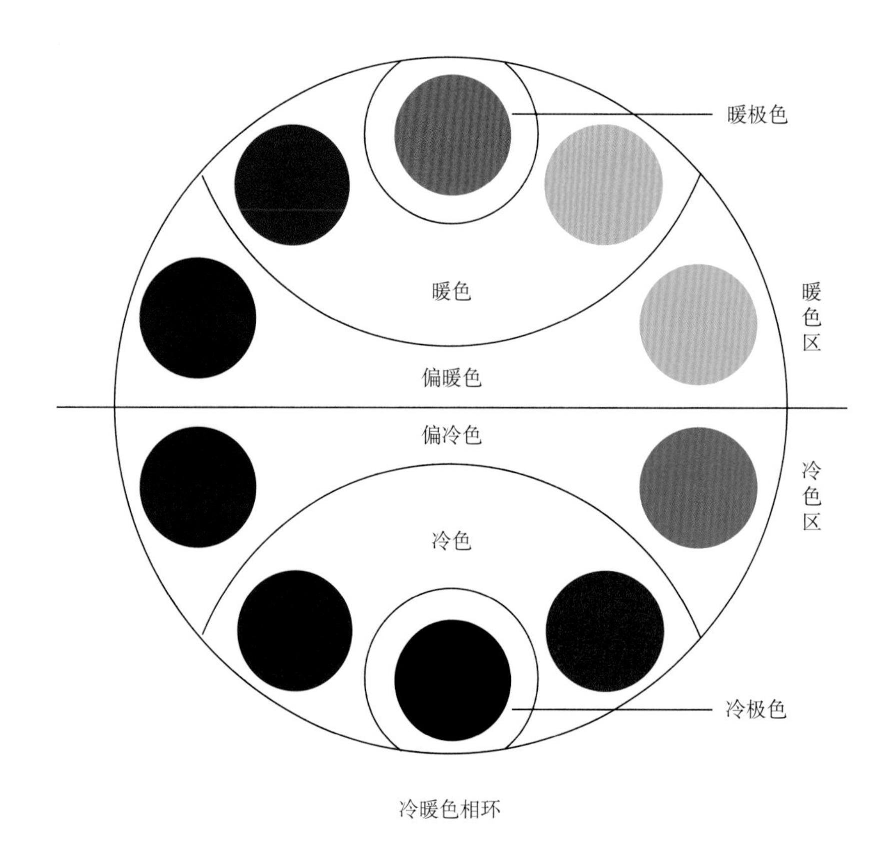


冷暖色相环

第二，色彩的距离感。不同的色彩处于同一视距时，会产生远近不同的感觉，主要与色彩的明度、色相和纯度相关。从明度上来说，低明度色彩比高明度色彩在视觉中感受的距离要比实际距离显得远一些；从色相上说，冷色比暖色在感觉中的距离较实际距离显得远；从纯度上说，凡暖色则纯度越低显得越远，而冷色则纯度越低显得越近。但色彩很多时候是相对的，没有绝对的某种色彩，因此距离感的产生与其背景色和周围的环境色息息相关。

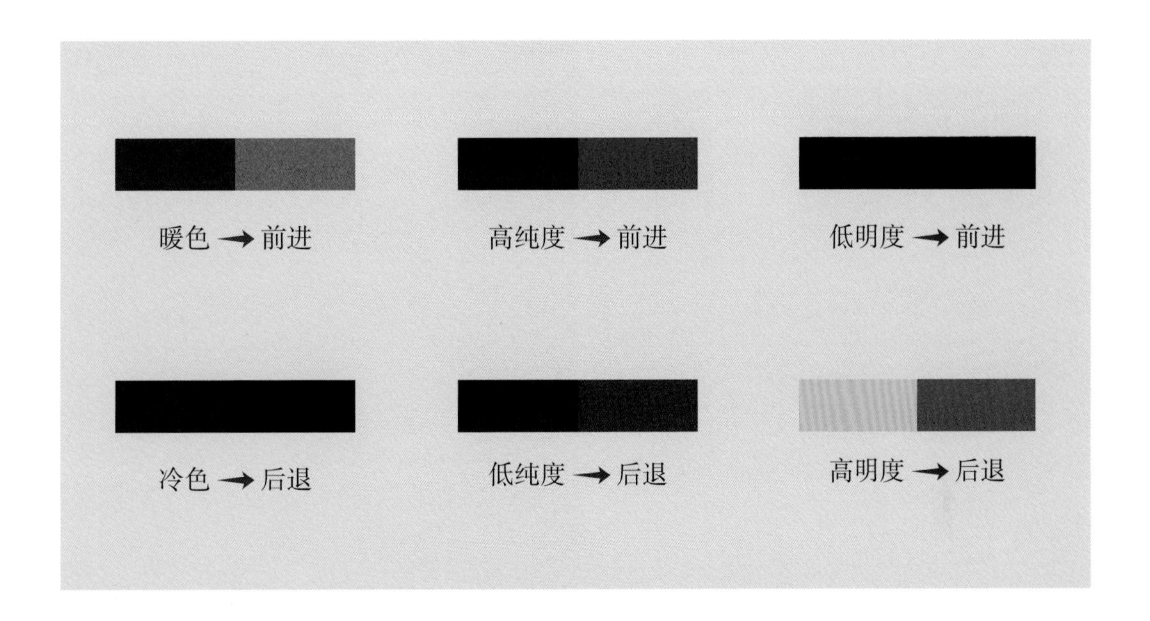


第三，色彩的重量感。色彩的重量感是由于人眼对不同色彩进行联想产生的，来自人们的生活体验。轻重感主要取决于色彩的明度，明度越低感觉越重，反之则越轻，白色最轻。同时，这种轻重感还与知觉度和纯度相关，暖色往往具有重感，冷色则较轻。纯度高的亮色感觉较轻，纯度低的灰色感觉偏重。

第四，色彩的软硬感。色彩的软硬感与重量感几乎是同一时间形成的，感觉轻的色彩给人表现为软而膨胀的感觉，而感觉重的色彩表现为硬而有收缩的感觉。软硬感主要受明度的影响，明度越高则越显得软，反之则越显得硬；明度相同时，暖色显得软，冷色显得硬。色彩的轻重感会影响人的情绪，在照明设计中，可以利用色彩的软硬感来为室内环境中的物体考虑合适的光色，创造宜人、舒适的色调。

## 3. 改变光环境色彩的方法

改变光环境色彩一般有三种途径，一是直接应用彩色光源，如霓虹灯、彩色荧光灯等；二是在灯具上添加变色滤镜，使得光源发出的光变成彩色；三是用彩色透明或半透明材料制作发光体，将光源安装在后面，形成独特的光效。

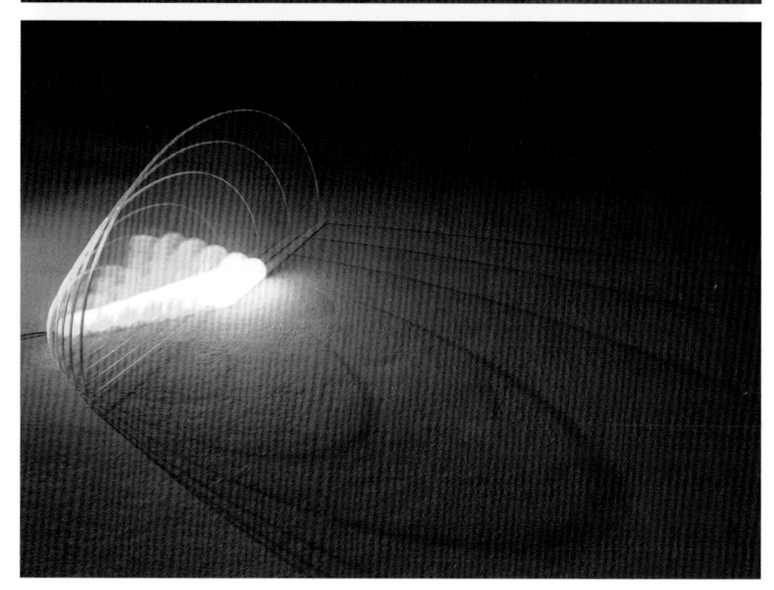

在光源上添加变色滤镜，可以改变光的色彩

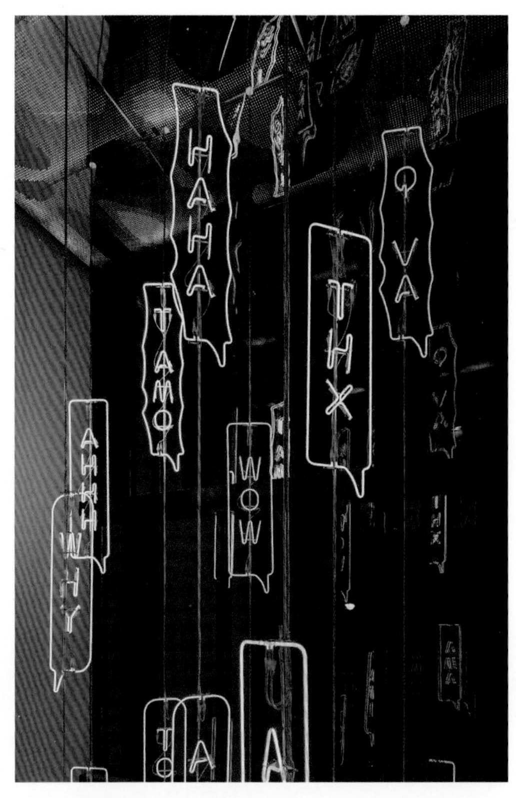


空间主要由两个主要元素构成，包括随机悬挂在空间中的霓虹灯和覆盖整个天花板的镜子。22 个霓虹灯文字标志代表了典型的社交媒体短文本信息，悬挂的方式使人们不管从哪个角度都能清晰地读出短信的内容。覆盖整个天花板的镜子不仅扩大了空间，还增强了装置的灯光与动感效果。镜子由带镜箔的聚碳酸酯制成，表面波浪起伏，形成云朵的图案。镜子后面设有可编程的 LED 灯带，这些 LED 灯带发出的光会在同一个色系内发生微妙的变化，为镜面上的云朵图案增添变幻莫测的灯光效果

将光源放在半透光的材质后面，使整个空间的色彩变得更加丰富、有层次感

# 三、室内材料

材料的质感是空间中物体材质的外在表象，它也以自身独特的方式完成与外界的交流，但这一切离开了光都将无法完成。为了能让灯光把材质的最佳效果展现出来，衬托出材料的美，设计师就需要了解室内常用装饰材料的光学特性，根据材料本身的属性及空间所要表现的艺术效果，合理地选用不同的光源与装饰材料进行组合，达到理想的室内空间光环境。

## 1. 材料的光反射和透射

遇到材料后，一部分光线被反射出去的现象，叫作反射；一部分被吸收掉，（被吸收的光就看不见）；还可能有一部分光透过物体，这种现象叫作透射。在室内灯光中，由于与光接触的材料（介质）的性质不同，光线会呈现不同的现象，利用光线的这种不同现象，可以作为表现的手法运用于艺术照明的设计。例如利用经过酸蚀刻或喷砂处理成的磨砂玻璃或塑料灯罩，使之形成漫射光来增加室内柔和的光线等。材料质感的精、粗、光、涩往往影响到光线反射的方式与强度，所以在精心设计的光线烘托下，很多常见的材料也会由于光而呈现出色的效果。如光滑表面的玻璃、抛光金属等材料在有直接照明的环境中会产生强烈的反光，个性极为突出；而粗糙表面的材料在侧光下会产生许多凹凸起伏的特征，产生细微的、有节奏感的阴影。

材料的光反射分为镜面反射、定向扩散反射、漫反射。镜面反射是光线经过光滑的物体表面，入射光的角度等于反射光的角度，在光线的照射下比较容易引起刺眼的眩光，比如镜面金属或抛光大理石；定向扩散反射是由细微的、不规则的物体表面产生的，产生的反射光朝一个方向扩散，聚集在镜面角上；漫反射是光线投射到不光滑物体表面造成的，它的反射光线比较均匀，没有方向性，能够产生柔和的光线效果，如亚克力灯光片、石膏、磨砂玻璃、布料等。

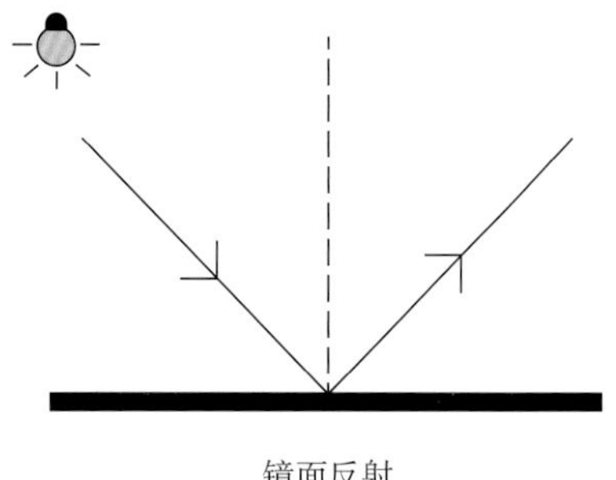

镜面反射

定向扩散反射

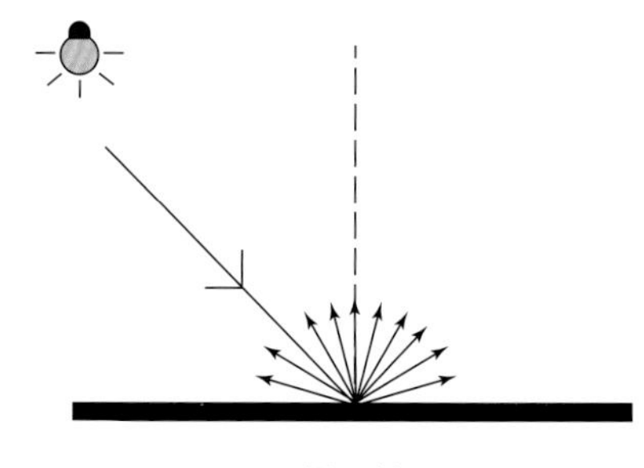

漫反射

## 1 镜面反射

镜面反射又叫规则反射，其入射光线、反射光线及反射表面的法线同处于一个平面内，入射光与反射光分别位于法线两侧，且入射角等于反射角。

玻璃镜面和磨光的金属、石材具有光滑密实的表面，可形成镜面反射。对镜面反射的利用是控制光强分布和提高光源利用率的有效方法之一。绝大多数灯具都利用这一现象，通过制作铝板、不锈钢板、镀铬铁板、镀银或镀铝的玻璃和塑料等材质的遮光罩，来提高光源的利用率。

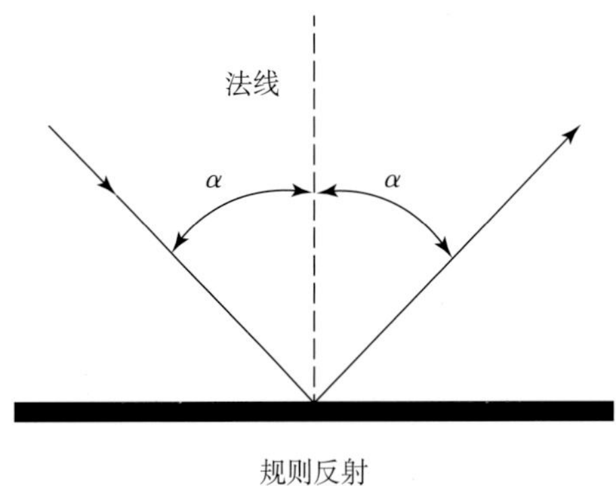

规则反射

## 2 定向扩散反射

定向扩散反射是一种既存在规则反射，又存在以规则反射光为中心向外扩散反射的一种反射形式。在定向扩散反射中，反射光保持与入射光分别位于法线两侧的特点，其中以规则反射部分的光线最强。经过冲沙、酸洗或锤点处理的毛糙金属表面具有定向扩散反射的特点。

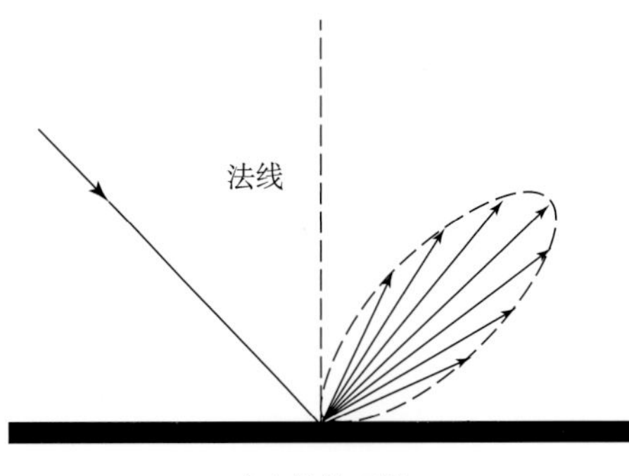

定向扩散反射

## 3 漫反射

漫反射是一种反射光自由发散的反射方式，其特点是反射光的分布与入射光方向无关，在宏观上没有规则反射，反射光不规则地分布在所有方向上。无光泽的毛面材料或由微细的晶粒、颜料颗粒构成的表面产生漫反射。若反射光的光强分布与入射光的方向无关，而且反射光呈现出以入射光与反射面的交点为切点的圆球状分布，这种漫反射称为均匀漫反射。

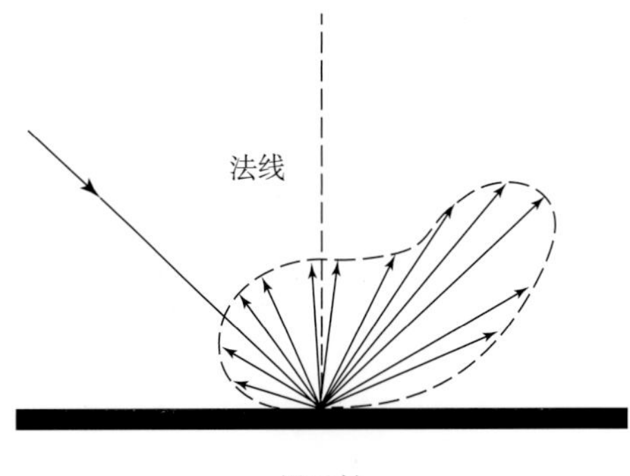

漫反射

## 4 混合反射

镜面反射和漫反射共存的现象称为混合反射。多数材料表面有混合反射特性，例如光亮的陶瓷表面。

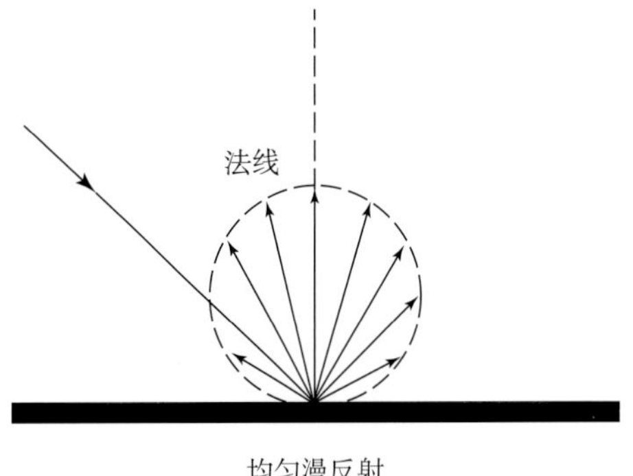

均匀漫反射

## 5 定向透射

材料的透明度导致透射光离开物质以不同的方式透射，当材料两表面平行，透射光线方向和入射光线方向不变；两表面不平行，则因折射角不同，透过的光线就不平行。这两种透射方式分别赋予艺术照明以各自特殊的艺术效果。透明材料受到直射光的照射时，光线能透过材料产生透射光。透射系数不同，产生的透射光也不同。

高透光性的材料使光在材料的内外恣意流动，光线在经过材料时几乎没发生什么变化，利用这种特性创造的艺术灯光效果，可以产生出隔而不断的视觉效果。

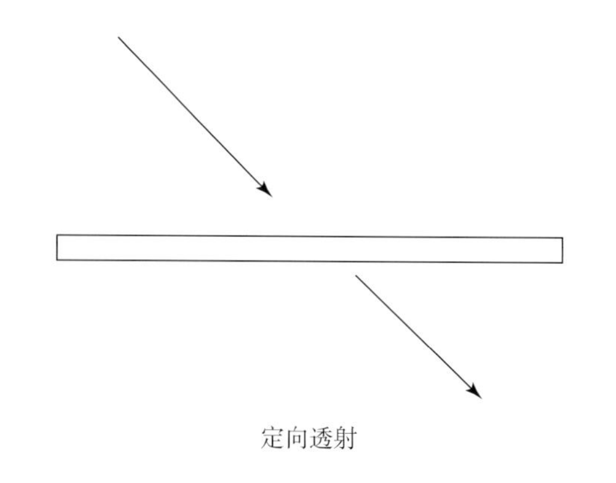

定向透射

自然光的定向投射产生的效果

### 6 折射

光从不平行两表面的材料穿过时，发生的偏折现象称为折射。利用这种折射的特性，可以产生特殊的效果。这种折射主要决定于材料的两表面方向不平行，例如玻璃、水晶等。

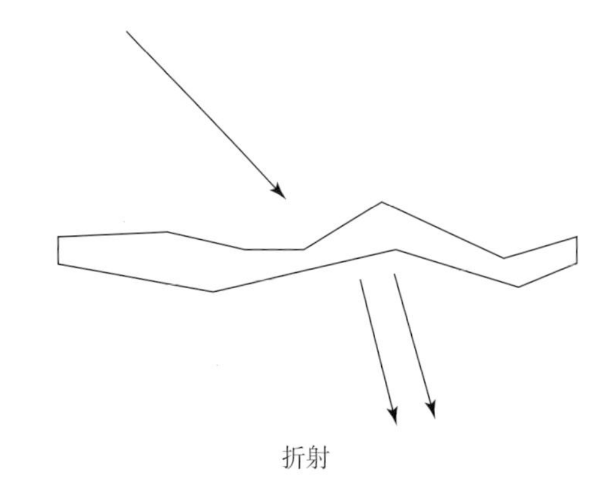

折射

某服装店，成都

镭射镀锌钢板的展架可以将射灯的光线折射出彩虹般的全色光谱，再反射出来，衍生出无尽的斑斓色彩，创造出五光十色的绮丽景象。光线的色彩随着观察的位置不同而变幻，是因为人眼受光的角度的变换，而真正达到“步移景异”的光色效果，使人仿佛置身于虚幻的世界

## 7 漫透射

光透过半透明材料，因材料朝向光源和远离光源的不同，材料透射系数的不同，将产生不同的散射光。灯光通过的材料不同，会带来不同的效果。透过半透明的材料时会带来柔和的漫射光线。漫射光是由透过材料时在内部的反射和折射产生的，或由一个相对粗糙的表面产生非定向的反射。这些材料主要有磨砂玻璃、玻璃砖、塑料、玻璃纤维等。均匀漫透射的透射光线没有明确的方向，因此透过材料看不到光源，可以使材料看起来像是发光体。材料的颜色改变后，光线的色彩也会随之发生变化。在彩色材料的情况下，材料表面也会反射出柔和的漫射光，呈现出各种色彩。漫射光的色彩也同样具有柔和的过渡，因此，就会产生多彩发光体的效果。

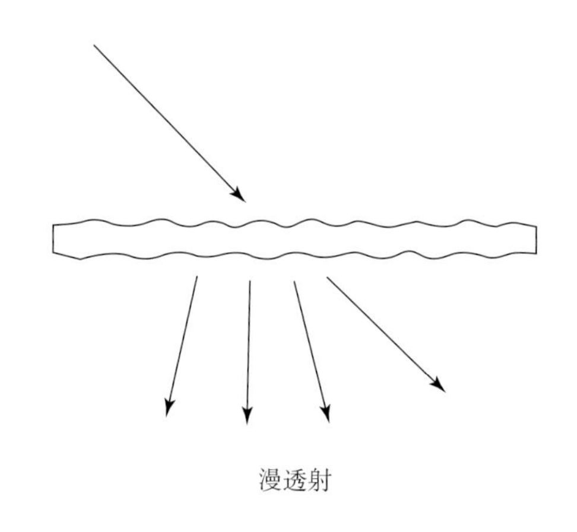

漫透射

眼镜店，厦门

眼镜店内部橙黄色渐变的曲面玻璃隔断导引了顾客购物流线，表面磨砂的处理，让穿过的光线变得柔和

咖啡店，曼谷

玻璃砖既遮挡了外部视线，又将阳光引入室内，营造出整个空间的氛围感。在照明方面，将便宜、耐用且形式多样的 LED 霓虹灯打造成无限延展的波浪形，既醒目又时尚

# 2. 材料对光环境设计表现力的影响

光展现出材料独特的视觉形象，光的神奇之处还在于把材料发挥出意想不到的视觉效果。不锈钢，抛光石、镜面玻璃等这些高反射的材料，可以倒映出物体和光线，体现华丽和通透的艺术效果从而提升视觉感染力。而表面具有粗糙纹理的材料，如地毯、毛石、织物等通过与灯光的结合可以产生柔和的光线。

## 1 木材

由于天然木材的特性之一是肌理走向非常明确，表面一般需要经过比较细致的打磨才能保证使用时的安全，所以除了特殊效果需要，表面一般比较细致。因此，在照明时可以采用对其正面投光，以打亮整个墙面的方式；如果是采用大入射角投光，即掠射的方式的话，主要的效果是光斑，而非如粗糙石材般明显的凹凸阴影形成的立体感。使用清漆会产生一定的光泽度，所以对于高抛光表面上光的木质表面要考虑镜面反射的因素。

虽然天然木材颜色众多，但是总体来说绝大部分是属于暖色系的，所以对天然木材的照明宜选用色温偏低的光源。这样更能强化木材的色泽，同时更易于拉近与人的距离。

德国中央合作银行

除了中厅的金属面材雕塑外，大量地使用了暖色调的木材，同时使用了低色温的光源，从整体上来说，在一定程度上平衡了中央金属雕塑给人带来的距离感

## 2 石材

镜面石材的特点是表面平整，有镜面光泽，反射特性以定向反射为主。这类材质由于其表面光泽度高，有镜面效果会导致两种不良效果：一是近距离投光时材料上映射出清晰的灯具镜像，暴露光源的情况下更会出现光源影像对人眼的眩光；当使用在深色墙面上时，由于强烈的明暗对比，这种情况尤其突出。二是镜面反射的特点致使投射到材料表面的光中大多数进行了定向反射，人眼从其他的角度不能明显感到亮度的增加，而从某些特定角度观察又会有眩光出现。这样一来，照明效率大大降低，形成浪费。

在某些场合，镜面石材有其特殊的优势，比如机场这种人流量极大的场所，大面积使用镜面石材作为地面，更易于清洁，而且会使人有高效的心理感受。在这种情况下，必须要慎重考虑空间照明方式，既然镜面反射不可避免，那就要尽量隐藏灯具和光源，降低在石材上形成亮斑混淆视觉的可能性。

细面石材的特点是表面平整、光滑、光泽度比较小，反射特性主要是漫反射。多用各种内外墙面和地面。这类材质自身凹凸质感不强烈，可以适宜近距离、远距离、多种入射角度的多种照明方式。如果为一平面，可以考虑正面均匀投光，远距离可以整体打亮，近距离可以产生均匀由亮变暗的光晕。但由于材质本身比较平淡，这样的照明效果不易使人产生关注的兴奋点，故也可以考虑创造出有韵律感的光斑以活跃立面效果。一般根据石材本身的色彩选取光色；若要给人以亲近感，宜用暖色光。另外，这样的材质是作为二次反射的反射面的最好选择之一，因为其漫射特点会形成比较均匀的光照扩散，同时又不会有光源反射镜像。

粗面石材的特点是表面平整但粗糙，有较规则明显的加工花纹，比如机刨板、剁斧板、锤击板等，人工的痕迹非常强烈，多用于内外墙面。它主要的反射方式也是漫反射，所以不必担心反射眩光等问题。所以在人工照明的情况下，如何表现它的特质是主要的研究着眼点。对于这类材质，如果从正面进行大面积投光，会削弱板材自身的凹凸质感，形成平面化的效果，最多也只是恢复日光下能分辨其花纹的效果；若以较大入射角投光，能强化表面凹凸的质感效果。

镜面石材地砖反射光的同时也能映射出清晰的光影，这种石材所在的空间，通常给人洁净、明亮的感觉

### 3 玻璃

普通平板玻璃多应用于室内，比如博物馆、空间隔断等。作为室内外界面的应用主要有两种：一大类是设计师要创造室内外通透的效果的情况。一般在茶室、咖啡厅、餐厅等能观赏外部景观的临窗座位总是最受人们青睐的。但是设计师考虑外部景观的时候通常都只以白天的光环境效果参考，很少考虑夜间光环境下平板玻璃的特点。很多人都有这样的体验，晚上在室内面对玻璃，几乎和镜面有同样的效果，但要想看到外面的景物，必须无比凑近玻璃并以手作遮阳状挡住光线，才有可能看到。这种情况就是由于平板玻璃透射率高、表面光滑的特性造成的。由于表面的定向反射特点，从某些角度看会有镜面效应。

如果里面比较亮，外面相对较暗的时候，内部的镜像会对外部形成很大的干扰。另一大类是商业建筑中大量使用的玻璃橱窗。橱窗，是商业建筑集中展示的窗口，可以说是商家产品与顾客“第一次亲密接触”的媒介。在周围环境亮度比较高的情况下，如果橱窗内展品的亮度不够，会导致在外部的顾客看到镜面效果，而看不清内部展品。因此，对于橱窗照明来说，很重要的一点是亮度，而且对于特定展品控制其亮度水平比较易于把握，故一般橱窗内的亮度必须比周围环境亮度高出数倍。

磨砂玻璃是在普通平板玻璃基础上单侧打毛加工而成的。它的特点是打毛磨砂的一面由于表面的凹凸起伏而大大加大了对光线散射的程度，使光线在穿过它的时候发生漫透射而起到遮蔽作用。在磨砂玻璃的磨砂侧对光线能起到比较好的承载作用而不会有清晰的镜面反射。因此，其照明方式也就有多种选择，可以考虑以较大入射角度较短距离投射。而且磨砂玻璃的磨砂面也可以反射光线达到被打亮的效果。

### 4 金属

低光泽度的金属饰面会有一定金属光泽，但是不会形成镜像。可以采用投光的方式照明，但是比较适宜从一定距离、以中等或较小入射角从正面投光来照亮墙体；如果过于贴近材料，会在其表面产生一定的镜像，如果光源亮度较高会引发眩光。

高光泽度金属板很多情况下有很强烈的镜面效果，这类金属板不宜对其进行直接照明，只需通过提高周围的环境亮度来提高其表面亮度。

### 5 混凝土

清水混凝土的色彩决定于所用的水泥颜色，通常为无彩色，只是有深浅不同之分；表面质感则取决于其原料配比和不同的模板浇灌脱模工艺，最终表面效果可以很平滑，也可以是较粗糙的，可塑性极强。由于清水混凝土的以上特点，对其使用的照明方式也有多种选择。

由于其本身颜色多种多样，可以深而冷，跟人有距离感；也可以浅而暖，平易近人。故对光源的色温要求也不是一定的，选择余地比较大。混凝土墙面表面质感不同，照明方式也就相应地比较灵活，可以采用远离大面积投光，也可以选用突出表现其粗糙质感的大入射角投光方式。对于大面积的清水混凝土墙面，更可通过有韵律感的光斑增加其生动性。

虽然是工业感极强的混凝土，但是当低色温的光打在墙面上时，空间感受仍然比较柔和

南开大学海冰楼，天津　　晴天的高色温日光打在深色清水混凝土墙面上，空间显得更清冷

墙面是清水混凝土材质，通过安装在地面的灯具照亮走廊，光源选用了低色温的光，暖黄色的光在粗糙的清水混凝土墙面显得生动自然

住宅内清水混凝土的墙面照明，采用了漫射照明的手法，将清水混凝土作为二次反射面，暖黄色的光给人柔和、温暖的感觉

# 室内空间常用的饰面材料反光系数值

反射比是指反射光与入射光的能量之比，称为该物体的反射比，其中一部分入射光被吸收或透射，或者两者都有。不同材质表面的反射比不同，若想得到比较理想均匀的照度，就应该了解不用材质的反射比值，根据它们所要表达的纹理效果，给予它们不同的照度和照射方向。下表列出了室内空间常用的饰面材料反光系数值，供光环境设计时参考。有些物体碰到光线时并不吸收或反射光线，而是使光线在通过它们以后发生角度的改变，这种改变光线照射角度的过程称为折射。除了气体以外，一般透明材质都具有一定的发光性，当光线到达物体的表面，一部分发生了反射，另一部分透过介质发生了折射，使光束变得弯曲。在有色透明材质中，光线的颜色还有可能会被吸收掉一部分。

室内空间常用的饰面材料反光系数值

| 序号 | 材料 | 分类 | 反射系数 $P$ |
|---|---|---|---|
| 1 | 石膏 | — | 0.91 |
| 2 | 大白（粉刷） | — | 0.69~0.8 |
| 3 | 白水泥 | — | 0.75 |
| 4 | 水泥砂浆抹面 | — | 0.32 |
| 5 | 一般白面抹灰 | — | 0.55~0.75 |
| 6 | 白色乳胶漆 | — | 0.84 |
| 7 | 红砖（旧） | — | 0.1~0.15 |
| 8 | 红砖（新） | — | 0.25~0.35 |
| 9 | 灰砖 | — | 0.23 |
| 10 | 釉面砖 | 白色 | 0.8 |
| | | 黄绿色 | 0.62 |
| | | 粉色 | 0.65 |
| | | 天蓝色 | 0.55 |
| | | 黑色 | 0.08 |
| 11 | 无釉陶土地砖 | 土黄色 | 0.5 |
| | | 朱砂色 | 0.19 |
| | | 浅蓝色 | 0.42 |
| | | 浅咖啡色 | 0.31 |
| | | 深咖啡色 | 0.2 |
| | | 绿色 | 0.25 |

续表

| 序号 | 材料 | 分类 | 反射系数 $P$ |
| --- | --- | --- | --- |
| 12 | 大理石 | 白色 | 0.6 |
| | | 乳色间绿色 | 0.39 |
| | | 红色 | 0.32 |
| | | 黑色 | 0.08 |
| 13 | 水磨石 | 白色 | 0.7 |
| | | 白色间灰黑色 | 0.52 |
| | | 白色间绿色 | 0.66 |
| | | 黑灰色 | 0.1 |
| | | 黄灰色 | 0.69 |
| 14 | 调和漆 | 银灰色 | 035~0.43 |
| | | 深灰色 | 0.12~0.2 |
| | | 湖绿色 | 0.36~0.46 |
| | | 淡绿色 | 0.23~0.29 |
| | | 深绿色 | 0.07~0.11 |
| | | 粉红色 | 0.45~0.55 |
| | | 大红色 | 0.15~0.22 |
| | | 棕红色 | 0.1~0.15 |
| | | 天蓝色 | 0.28~0.35 |
| | | 中蓝色 | 0.2~0.28 |
| | | 深蓝色 | 0.06~0.09 |
| | | 淡黄色 | 0.7~0.8 |
| | | 中黄色 | 0.56~0.65 |
| | | 淡棕色 | 0.35~0.43 |
| | | 深棕色 | 0.06~0.09 |
| | | 黑色 | 0.03~0.05 |
| 15 | 塑料贴面板 | 浅黄色木纹 | 0.36 |
| | | 中黄色木纹 | 0.3 |
| | | 深棕色木纹 | 0.12 |
| 16 | 塑料墙纸 | 黄白色 | 0.72 |
| | | 蓝白色 | 0.61 |
| | | 浅粉白色 | 0.65 |
| 17 | 胶合板 | — | 0.58 |
| 18 | 广漆地板 | — | 0.1 |
| 19 | 菱苦土地面 | — | 0.15 |
| 20 | 混凝土地面 | — | 0.15~0.2 |
| 21 | 沥青地面 | — | 0.1~0.15 |
| 23 | 铸铁、钢板地面 | — | 0.15 |
| 24 | 浅色织品窗帷 | — | 0.3~0.5 |

# 四、光影效果

照明设计本身就是一门研究光与影的艺术。光产生影，影反映光。光和影在同一空间中才创造了形，并同时形成了光影变幻的丰富气氛。通过巧妙的艺术照明设计，光影效果可以表现在室内各界面上。也可利用室内各种陈设物件来一起创造使人神往的艺术效果。如果再配以色彩上、外形上的变化，则其效果更是变幻莫测、蔚为奇观的。

## 1. 光与影的关系

光与影的关系是辩证统一的，二者不能独立存在，他们是空间组成及生命存在的基础。光离不开影的衬托，影离不开光的馈赠，二者统一存在。在绝对黑暗的空间无法表现自身的形态，如果没有影，空间的生命力会在泛光的世界丧失。

影的形态会受到光的亮度、投射方向、被照物的透明度以及投影面的材质等各方面因素的影响。光与影的组合具有极强的艺术感染力和表现力，并在空间中扮演着相当重要的角色。不管是“光形”或是“物影”，都会影响到室内空间艺术。它们不仅共同表现室内空间的形式，并且根据自身的强弱、方向和色彩的不同，赋予了室内空间生命力，增强室内空间的意境。

光影可分为自然光影和人工光影两大类。室内空间通过自然光影的透射、折射、反射、吸收等方式来展示其形态，显露室内空间材料的质感，烘托室内空间的气氛。它在特殊空间中具有丰富的表现力，赋予人不一样的心理感受。随着时代的发展，人工光影的种类丰富且越发先进。人工光影具有多种多样的视觉层次变化，相对而言其设计的可能性较大，有丰富的艺术效果。

自然光影与人工光影特征对比

| 名称 | 自然光影 | 人工光影 |
| --- | --- | --- |
| 光源 | 太阳 | 电光源 |
| 光源方向 | 单一或多角度，移动 | 单一、固定 |
| 光谱构成 | 可见光和不可见光，包括紫外线、X射线、红外线、无线电波等，光谱构成丰富，且人的视觉对其有天然适应性 | 不及自然光丰富，如白炽灯缺少光谱端的蓝光且不含紫外线，白色日光灯缺少红、蓝和紫光 |
| 色温 | 丰富、变化 | 单一、固定 |
| 明暗度 | 不停变化 | 单一 |
| 影位置、大小 | 不停变化 | 单一、固定 |

合理地运用光与影能打造出氛围完全不同的室内环境

## 2. 光影的形态特征

光影形态一般来说是指人对在光源照射下物体明暗变化，以及照射物体后在其他界面上产生阴影的视觉感知和心理感受。影的发生取决于自然光、人工光以及室内空间中的实体，而光影的形态取决于光的形式、物体和影的形状。

### 1 方向性

光影形态的方向性是指在室内空间中，光在任何的位置向物体投射，使该物体迎光面明亮而背光面暗淡。与此同时，该物体的背后在其他界面上出现影，影与光投射的方向相反。因此由于光影形态的方向性在物体上产生的上述效果又被称为光影效果。

光影形态的方向性在室内空间中能加强室内空间里物体的能见度，能让物体呈现出光影效果，并且改善室内空间的比例和尺度，进而改变人对空间以及物体的视觉感受。由于方向性对物体光影效果有极大的影响力，因此在对室内空间改造时应对光影形态的方向性适当处理。光影形态的方向性加强时，在物体上产生的光影效果也会随之增强，相反则会减弱。一般而言，对光影形态方向性的处理不宜过强，避免出现过分强烈的对比，使人视觉疲劳。但也不应过弱，导致产生漫射光，而削弱光影效果。

随太阳位置变化而变化的光影

## 2 立体感

光照射在室内空间中的物体上，物体迎光面向背光面由明变暗逐渐过渡，能使物体显示出立体感，其反映出物体上光影的分布状态，物体的轮廓或形状，物体表面的材料质感。

影响物体的光影形态立体感的因素主要有：分布状态、物体表面状态、照度、方向等。如果在室内空间中使用聚光、高光、直射光，能够加强物体的可见度，然后利用光的适宜的布置，由明变暗，这样便出现了光影效果，塑造出来立体感，进而加深人们的视觉感受。

可是，漫射光采用会减少物体的可见度，减弱物体表面的光影形态效果，仅会让人们得到物体表面光线均匀的视觉印象。在室内空间中，为了表现某一视觉对象（如装饰品、家具、陈设等）的光影形态效果，重点展现其立体感，便会着重强调立体感的效果。可见这样的效果依据视觉对象自身的特性是有差异的。一般来说，光影形态立体感效果是受到室内空间中光影在不同方向的垂直面照度之比的影响。

## 3 动态性

光影形态的动态是伴随着时间的推移和太阳位置的变化而发生的，自然光照射的阴影是室内空间物体的动态方式，其运动的轨迹体现了季节、纬度和昼夜的更替。光影严格遵守着光学规律，但是又难以猜测其千变万化的形态。室内空间中的光影形态是真正的动态图，光影形态能构成动感不规则的图形，这个图形会伴随着时间和环境的变化而发生大小、形状、位置的改变。

设计师安藤忠雄有着同样的见解，他认为：光影形态能赋予静止空间以动感，能给予墙面以颜色，能赋予空间材料的质感以更动人的表现方式。光影形态是相当丰富的视觉“语言”，在塑造特定气氛方面有无法超越的优越性和艺术魅力，造型千变万化。

## 4 艺术感

光影形态是一种具有特殊性质的艺术表达方式，其艺术魅力是难以用语言表达的。室内空间的光影形态艺术感是需要设计师来塑造的。光影形态有丰富的表现形式，在室内空间恰当的位置，通过灵活多变的光影形态效果来丰富其内涵，运用形式丰富的人工照明设备和造型方式。既可以表现光，又可以表现影，也可以同时来表现光和影。光影形态的造型形式是变化万千的，主要是运用合理的方式在恰当的部位表达出适宜的主题，来加强室内空间的艺术魅力，便可给人以恰当的艺术感受。

光影形态的艺术性

# 3. 光影的艺术表现

室内空间的光影艺术要给人以视觉上的艺术美感享受，也必须借助于视觉设计语言的匠心营造来具体表达。光虽然是一种无形的物质，但是，却可以通过影来获得实体的形。影是建筑空间中最活跃、最吸引人的因素。当光线穿过物体表面，留下或长或短，或高或低，或清晰或模糊，或笔直或弯曲的阴影时，整个空间就像是一首美妙的音乐。

## 1 光影的点艺术

在室内空间中具有点特征的“光影”或“物影”大体上就是落在阴面上的光斑或是与周围界面尺度、亮度相差悬殊的采光口。虽然光点的尺度相对很小，但是由于其与背景的明显反差、形象的奇特或是许多点集合组成了符合形式美学的形态等因素，往往能在室内构图中起到画龙点睛的作用。

勒·柯布西耶，菲米尼圣·皮埃尔大教堂

在以耶稣基督为主题式的圣堂空间中，他在圣坛所在的穹窿上设置了一系列的圆形小孔，光线从小孔进入，营造出好比夜晚下星光闪耀的冥想空间，在此使用了点光的特性来模拟星星发出的微亮效果，与表达永恒的线光相比，点光所要表现的是一种具有绝对性、短暂性的光

伊东丰雄，松本市民会馆

在由玻璃纤维强化水泥板构成的外墙上镶嵌了许多大小不同、形状各异的玻璃窗，使光线自聚在一起从小尺度的窗口射入，落在室内的墙面上，创造了光影变幻的室内空间

## 2 光影的线艺术

建筑空间中雄浑或纤细的柱子，均匀的方格架子，轻巧的栏杆，以及细密划分的窗棂，活动的百叶窗等，均可在光的照射下投影在不同的界面上，产生线形的“物影”。空间环境中的线本身就具有美感，而当它们按照一定的秩序排列或者变化时，又会构成强烈的节奏感和优美的韵律感。

狭窄的缝隙，细长的窗口，这些光的通道，通常与建筑的结构，与建筑要表达的含义有关。这些窗户将光线过滤到建筑的室内，形成非常奇妙的空间光影效果。破裂的墙体仿佛赋予光线一种力量，一种饱含着曲张内力的动势。而线的构成对“光”和“影”都分别有着不同的表达方式，它们都可以表达出线的构成。

安藤忠雄的设计作品

“影”的线构成

“光”的线构成

### 3 光影的面艺术

室内的光影作为“面”特征的较多，这种构图元素特征多表现在空间围合界面上。大面积均匀的光线投射在室内空间界面上时，被照亮的面就成为一个“光面”，投射于物体的影子则形成“影面”。这个被照亮的光面上原有材质的重量感和体积感被大大地改变了。取而代之的是一种虚化的飘浮的效果。而作为“阴面”呈现的物体的背光面在物体轮廓线外的眩光反衬之下，往往呈现深色或黑色的剪影形象，其细节几乎全部略去，物体形象简略概括。

安藤忠雄的设计作品

成羽町美术馆

风之教堂

# 4. 光影在室内空间的作用

光影的灵活、自由、多变的特点使它在视觉上轻易地完成了许多实体手段难以达到的艺术效果，它作为一种“虚体”的手段，和构成建筑空间的实体材料一起参与了空间的创造和组织。我们应该掌握光影的各种特点，在空间设计时用恰当的方式为空间注入光影的活力，丰富空间的内容和形式。

## 1 光影限定空间

在人们的意识中，空间都是实体的围合，如是墙、地、顶的围合。其实，我们的脑中已经被视觉把空间划分了很多区域。空间的明暗是空间限定的基础，明与暗的边界成为空间限定的边界。这种限定一般是通过调节空间之间的亮度差异来实现的，亮度差异越大，空间的对比就越强烈，空间的限定作用就越强。

最简单的例子就是在阳光明媚的夏日，大树的树荫下总是聚着人群，光影使树荫下成为一个休闲避暑的虚空间。在大型公共空间里，阳光中庭就是靠光来限定空间，明亮的阳光透过透明的玻璃顶面进入室内，这种光线的方向最符合人的心理感受，在人类的认知中，天在上，光都是从天而降的，让人们获得置身于室外的感受，明亮的光线与周围较暗的空间形成明暗的反差，使中庭得以限定。这种空间与周围的空间融为一体过渡自然，人们在其中自由穿行，但对不同区域的意识也很清晰。

中庭引入自然光，白天明亮的光线，让中庭区别于其他区域，自然而然形成分区

麻省理工学院的小教堂

教堂的整个侧墙上没有开窗，内部光线幽暗，而圣坛的正上方的圆形天窗是引入室内的唯一自然光源，天光从容地洒在圣坛之上，赋予圣坛神圣的光芒，而供观众使用的椅子则隐藏在相对的暗调中，在同一个空间中光线把圣坛和观众的区域区分开来，空间的氛围显得静穆而虚幻

## 2 光影丰富空间内容

光与影编织出的美丽多变的图案、有韵律的光影、光投射出的色彩都装饰着空间，成为引人注目的焦点，也可以称为光影对空间的装饰性。光的装饰性是光与影相互交织的产物，所有室内外空间的构件都被光和影包围，所以光影的设计就在很大程度上决定了空间的内容丰富与否。建筑的室内几乎都是处于建筑表皮的暗影之下，所以，大部分光影的设计就落在了窗上。

暖黄色的光线穿过镂空的灯罩，在墙面上投射出美丽的图案，形成带有强烈特色的独特意境，极富情趣

### 3 光影强化空间动势

动势是一切艺术形式追求的目标，知觉运动有这样一个规律，就是它使快速运动的点看上去像一条静止的线，而它的反向作用使静止的线条有运动的错觉。光影是空间营造动势的有力元素，而且光影具有时间性，随着时间的推移，一天之中，四季之中，光影都发生着方向和长短的改变，让人体会到时间流逝，将时间这个不易被人察觉的自然元素反映到清晰可辨的程度。

光与影的变化使空间有另一种视觉感受，人们行走其间，明暗交替，空间的韵律感也就因此产生。光在投射的过程中，其强度会因空气中微粒、浮尘的阻挡而减弱，随着距离的增加而削弱，光线强的地方物体清晰，光线弱的地方物体模糊。光影在空间中强弱与虚实的变化使空间产生韵律感和秩序感，光影仿佛舞步跳跃在空间中的精灵。路易斯巴拉甘的吉拉迪住宅的走廊里，用有节奏的光影明暗变化把单调沉寂的空间点燃，似乎看到了跳跃的光影，灵动的注入使空间充满活力。

坦巴昆达妇产科和儿科医院，塞内加尔

圆形的光斑排列整齐，连续重复形成一条向内延伸的线，产生明暗交替的韵律感

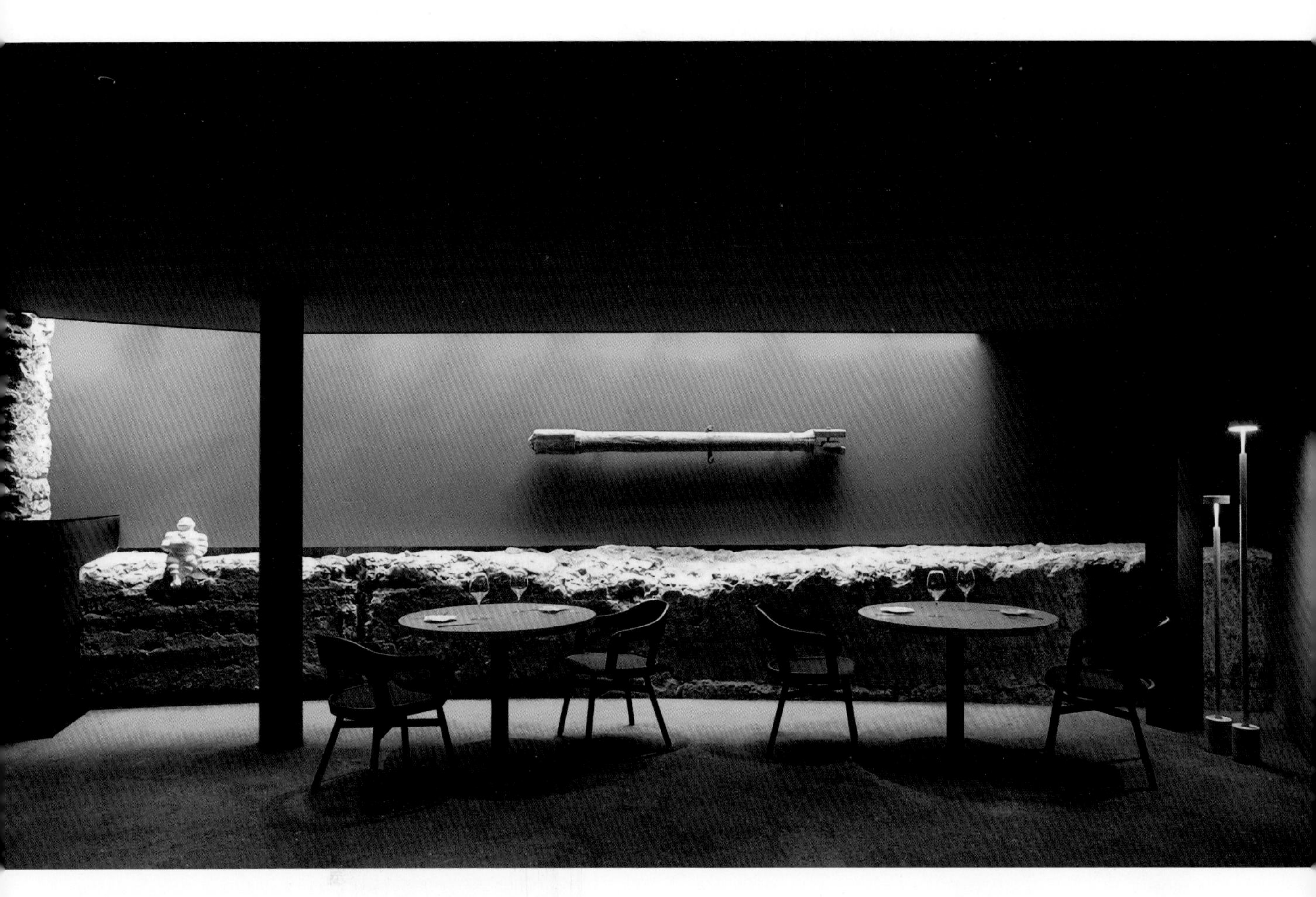

在整个较暗的餐厅中，被光照亮的墙面成为视觉吸引点，利用明暗的差异创造出视觉中心，保证餐位间的私密感，又能打破单一性

## 4 光影创造视觉焦点

我们常说飞蛾扑火，其实我们的眼睛总是被光线吸引，本能地捕捉着视线中的最亮处，并把注意力也集中在较亮的事物上。人总是被视野中引人注意的部分吸引，这个“引人注意”的东西就是将均质空间的单一性打破的物体，创造视觉中心的方法永远是制造差异性，那么，在明亮的光线下制造暗影，或是在大片的暗影中创造光亮，绝对是创造视觉焦点的绝妙手法。

集中的光束照亮某一区域，而让其他的区域处于相对幽暗的环境中，就会产生强烈的光影明暗对比，视野中最亮的部分就成为视觉焦点所在。另外，光还可以借助一些手段来实现对视觉的吸引，如被照射物体的材质，光影与材质的结合往往超越它们本身的魅力，材质折射、透射的特性，结合材质的颜色可以赋予光特别的魅力。

## 5 光影改变空间心理尺度

在人的视觉心理中，明亮的空间总是要显得宽敞些。同样，我们也常用阴暗狭小来形容一个空间。事实上，证明这种感觉是符合人的视觉印象的：明亮空间的尺度会显得比实际尺寸大一些，而昏暗的空间尺度则会显得比实际尺寸小一些。我们应该充分利用这种视错觉来营造空间尺度。其实对空间尺度的错视觉来自物体的亮度，当光线照亮物体后，达到一定的亮度，物体本身也就成了一个发光体，从而弱化了封闭的围合感。

当把光多一些地引入空间，就能营造出扩展空间的效果，使室内和室外融为一体。如大面积的落地玻璃窗，使周围环境、景物和光线纳入室内，相互交融，浑然一体，空间尺度也得以扩展。

光线充足的空间使室内外浑然一体，从而扩大视觉感

光线幽暗的空间给人以围合封闭感

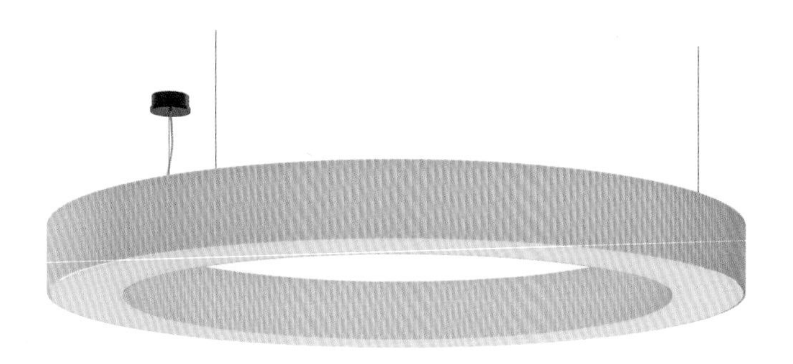

# 第五章

# 室内照明设计应用

好的灯光能够改变一个空间，它能够通过一个简单的开关起到调节人们心情的作用。理想的光环境设计能够充分地展示出室内空间的魅力。虽然在不同室内空间，光环境的设计侧重有所不同，但最终目的都是营造出舒适又实用的室内环境。

# 一、住宅空间

近年来，灯光照明作为住宅室内装饰设计的一项重要因素，对其重视程度有了显著的提高。以前，人们对它还只考虑实用性，现在，它已经同色彩、样式等因素一起，成为住宅室内设计中需要整体考虑的基本要素。

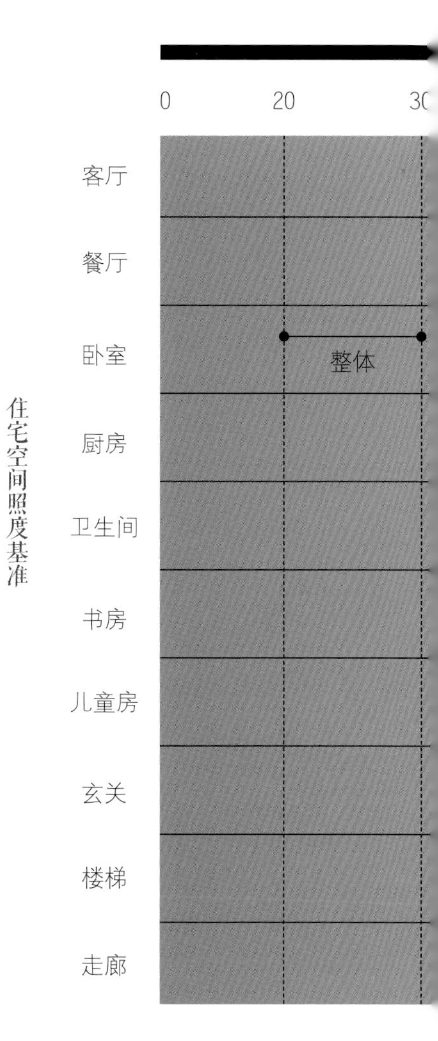


住宅空间照度基准

## 1. 住宅空间照明设计要点

尽管一般情况下住宅空间面积不大，但其囊括了家人生活、学习、娱乐、交流、待客等各项日常所需功能。无论空间界定明确与否，都要结合室内设计的功能安排进行针对性的空间照度设计，确保照度符合特定功能的使用之需。

灯具位置与人体尺度

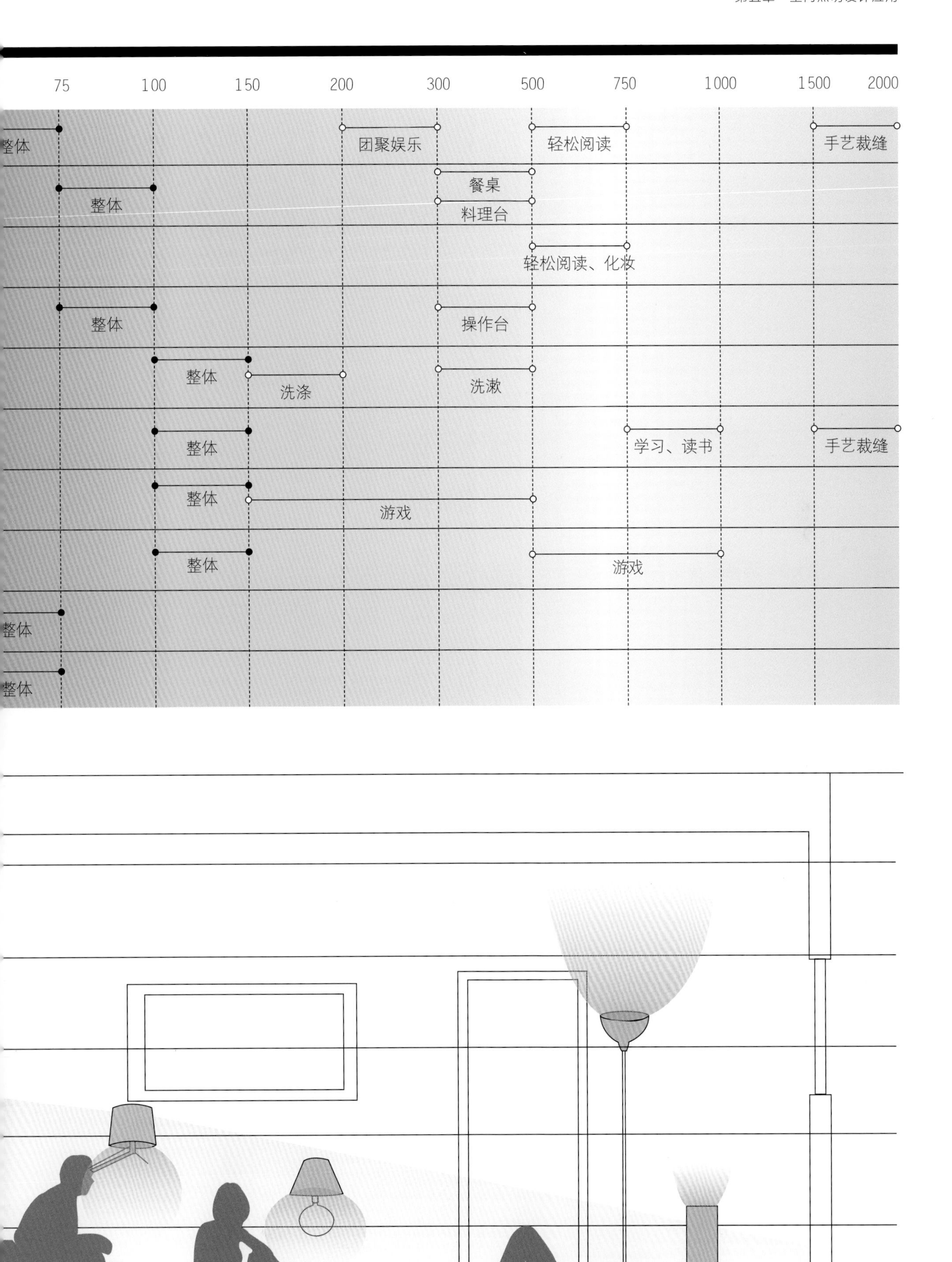
75
100
150
200
300
500
750
1000
1500
2000
整体
团聚娱乐
轻松阅读
手艺裁缝
整体
餐桌
料理台
轻松阅读、化妆
整体
操作台
整体
洗涤
洗漱
整体
学习、读书
手艺裁缝
整体
游戏
整体
游戏
整体
整体

# 2. 住宅空间照明灯具

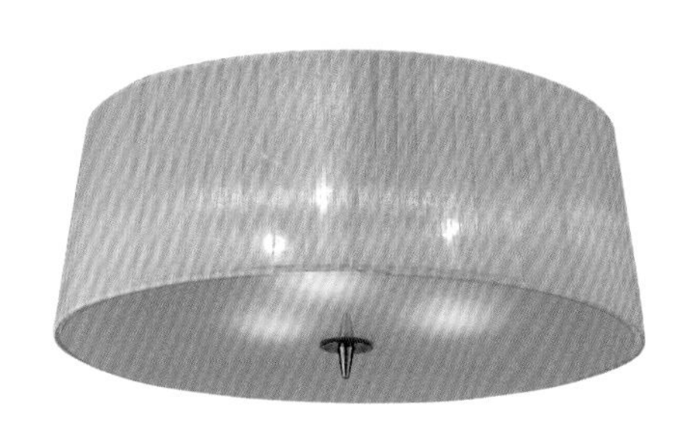

吸顶灯

**适用范围：**厨房、阳台、卫生间、客厅

**特点：**通常是漫反射照明，光线柔和

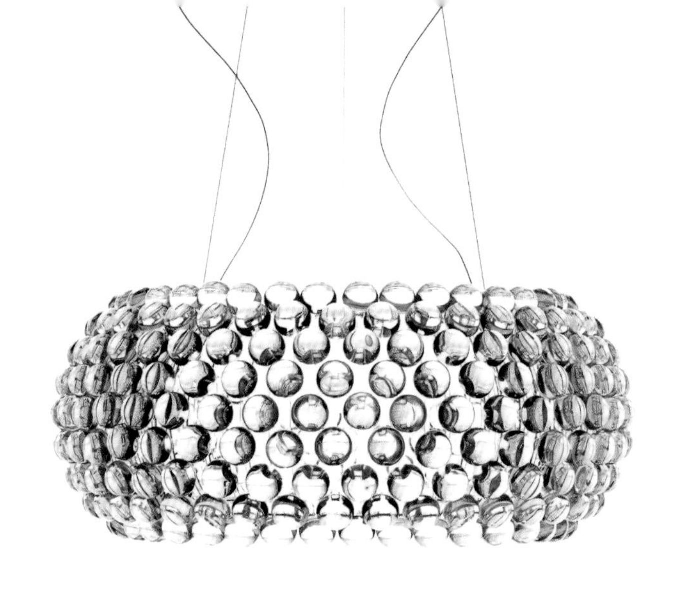

水晶吊灯

**适用范围：**客厅

**特点：**通常光线比较耀眼

地脚灯

**适用范围：**走廊、楼梯、卫生间、卧室

**特点：**适合夜间安全照明，由于位置较低，光线向下分布，可以避免眩光，光斑不明显

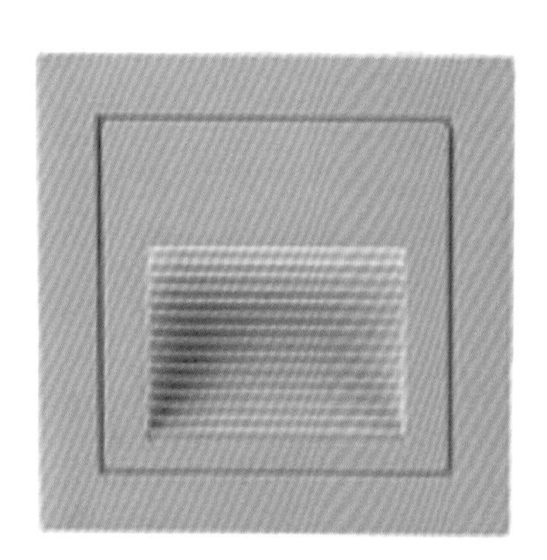

台灯

**适用范围：**书房、卧室

**特点：**适用于局部照明，光线向下分布，要求光源的照度和显色性较高

射灯

**适用范围：**客厅、书房

**特点：**通常产生直接向下的光线，光斑明显，适合集中照明，容易产生眩光

普通吊灯

**适用范围：**餐厅、客厅、卧室

**特点：**通常属于间接照明或半间接照明，光线向上分布，以免产生眩光

壁灯

**适用范围：**客厅、卧室、餐厅

**特点：**通常属于间接照明或半间接照明，固定在墙壁上，光斑比较明显

# 3. 客厅环境照明设计原则

## 1 客厅一般照明设计

客厅一般照明起到环境照明和一定的装饰照明作用。通常，环境照明可以不需要过高的照度，但是由于客厅是住宅的主要空间，所以为了突出其主体地位，即使作为环境照明，也要适当提高客厅的总体亮度。因而要求客厅具有较好的一般照明照度水平。客厅照明一般宜选用顶部或空间上部供光的照明工具，既可单独使用主照明，也可以采用主照明与其他辅助照明结合的方式。

## 2 客厅局部照明设计

客厅局部照明既有工作照明，又有装饰照明。工作照明主要是指在沙发阅读时提供的照明，通常采用落地灯和台灯。从使用功能角度考虑，落地灯、台灯宜选择有遮光罩的款式，可以获得更好的照明效果。选择时还要考虑遮光罩底口距地高度和照度水平。遮光罩底口距地高度不应低于使用者坐姿时眼睛的高度，照度一般为 300~500 勒克斯，宜选用暖白色光源。

客厅的装饰照明主要是对墙面装饰画、装饰小品、主要陈设品等空间装饰点的照明，以及为烘托气氛的照明。进行装饰照明的灯具大多采用射灯和筒灯，也有使用反光灯槽等形式。烘托气氛的照明灯具可以选择观赏性强的可移动落地灯，既作为陈设品，又可以利用其特殊光效。

## 3 客厅照明灯具选择

客厅的主照明灯具可选择吸顶灯、吊灯或其他适宜的灯具。选择灯具的形态、材质、色彩要与空间装饰效果和谐。同时还要考虑灯具体量、安装方式与空间尺度的协调。不同安装方式和配光效果的灯具具有不同的供光效果，在确定灯具款式之前，应对灯具的光通量分布情况及光影效果与室内装饰风格的协调问题加以考虑。一般来说，客厅主照明是作为提供空间整体亮度的环境照明而存在，要求具有相对均匀的光分布，所以通常不宜选用光通量分布集中的照明灯具，否则将会造成光线分布不均匀和顶部暗淡的情况，破坏空间整体亮度。当环境需要时，也可选择具有一定特殊照明效果的灯具。

客厅的辅助照明一般可以通过筒灯、射灯、反光灯槽等来实现。筒灯、射灯属于光通量分布相对集中的灯具，通常分布在顶棚的周边，能够在墙面产生一定的光晕，起到丰富视觉效果的作用。筒灯和射灯的布置方式根据不同的效果要求而定，可以采用均匀布置，也可以采用集中布置。反光灯槽可以为顶棚的局部位置提高亮度，降低顶棚的阴影。但当选用追求顶棚光晕效果的灯具时，应控制反光灯槽的照度和光线辐射面积，以免破坏顶棚光晕效果。

## 4 客厅照明光源选择

客厅一般照明宜采用暖白光，将其综合使用效果更佳。因为主照明照度相对较高，而高照度的暖光容易令人不适，所以主照明宜选用暖白光。光源的选择要考虑全部启动时空间的光环境效果，既要体现出光源的主次关系，又要具有较好的视觉效果。通常光源可选用荧光灯、白炽灯、卤钨灯、LED 灯。

## 多形式间接光丰富灯光表情

受外围环境采光限制，客厅特别需要开放格局，使光线延伸至室内。客厅中间使用单独嵌灯，聚焦在茶几区域，周边则是利用规律排列的嵌灯照亮灰色墙面，形成有装饰感的光斑，同时利用嵌入灯槽增加柔和感；窗帘盒里透过间接光营造氛围，最后搭配沙发旁的壁灯，整个空间充满丰富的灯光表情。

## 善用间接照明的柔和特性

电视背景墙上方的凹槽用来配置嵌灯，人少时可以开启作为间接照明，让光均匀地从天花板上照射下来，笼罩电视墙区域，给人创造出舒适、悠闲的氛围。

## 流明天花照亮木饰面天花板

利用亚克力板把光源覆盖住，形成间接照明的效果。因为没有多余线条，所以整个天花板看起来非常简洁利落。不断延伸的流明天花提供了连续、均匀的光线，创造出晴天般自然的亮度，化解深色木饰面材料带来的暗沉感。

## 灵活切换光源，营造不同氛围

为了营造空间沉稳、独特的格调，大量采用黑白灰来表现空间的现代简约感。白色沙发背景墙和深棕色电视背景墙形成明暗的对比，较深的地砖搭配白色顶面，且装设 8 盏嵌灯来提升空间明亮感，可以依据需求 4 盏、8 盏分段灵活切换。

## 自然采光条件好，用间接照明创造氛围

客厅的超大落地窗保证了空间有充足的自然采光，显得格外明亮，因此在光源的安排上，不以照亮为目的，选择以间接照明作为空间主照明。

## 错落排布让光线均匀照亮

为了保证整个空间的简约感，顶面统一使用了不占空间的筒灯。将筒灯从客厅延续至餐厅，刻意采用错落排列的方式，一方面化解了整齐划一的单调感，另一方面又能确保光线均匀照射，满足不同分区的需求。

同时开启客厅、餐厅灯具的照明效果

仅开餐厅灯具的照明效果

## 运用主灯区隔不同空间用途

客厅与餐厅同在一个空间，两个区域的顶面都嵌入了灯带作为一般照明，唯一不同的是，客厅的主灯为筒灯，保证了客厅均匀的照度；而餐厅主灯为吊灯，使餐桌有了充足的照明。

## 灯光统一延伸出的空间感

借由灯带与投射灯的交错运用，牵引着视线由客厅向餐厅延伸，让客厅与餐厅两个空间都能呈现一致性与连接感。

## 内嵌轨道灯带来充足的四方光源

为了尽量保证层高，客厅运用轨道灯作为主要照明。有别于管线外露的工业风格，内嵌轨道于顶面中，保留黑色框线，令轨道灯以更精致的面貌融入简洁空间中。

## 不仅是光源，也是客厅的装饰亮点

利用造型灯饰，大胆地摆放在客厅的明显位置，光影映照着白色的墙面与顶面，以及搭配色彩鲜艳的软装，共同营造出充满活力的空间氛围。

## 主灯营造出夜晚的浪漫氛围

白天的客厅光线非常充足，因此顶面没有加装其他灯具，仅以嵌灯为主。夜晚则以沙发旁的台灯为主要照明，营造出舒适的氛围。

## 在吊顶的高低差部分设置灯槽照明

厨房、餐厅与客厅的顶棚有高差。在这种情况下，可利用此高低差设置灯槽照明，柔和的灯光可以提高客厅的开放感。但是，在灯槽照明对面有落地窗的情况下，会出现在玻璃上映出灯具的问题。

# 4. 餐厅环境照明设计原则

## 1 餐厅一般照明设计

餐厅的一般照明是为餐厅提供环境照明，要求光线柔和、亮度适中。餐厅一般照明通常不设置主照明，主要是利用射灯、筒灯、反光灯槽等顶部供光形式或壁灯为空间提供整体亮度，使空间显得明净、清爽。根据空间面积和装修风格不同，餐厅的一般照明是可有可无的。尤其当装修不做吊顶时，由于不存在常用一般照明灯具的可操作承载面，所以常被忽略。而空间面积过小的情况下，可以直接利用作为重点照明的餐桌局部照明来提供一般照明。

## 2 餐厅局部照明设计

餐厅的局部照明包括对餐桌进行的重点照明，也包括对装饰画、陈设品等进行的装饰照明。餐桌是餐厅的视觉中心，餐桌照明灯具的选择要集功能性、装饰性于一体，从灯具的体量、形态、材质等方面体现其在空间中的主体地位，并通过适宜的光源选择来实现其功能价值。因为餐桌的照明灯具具有空间位置确定性强的特点，即通常设在餐桌正上方，所以宜选用具有一定高度的垂吊式灯具，既利于光线照射，又可以使餐桌与灯具产生视觉上的统一，增强区域感。但餐桌吊灯的悬挂高度距桌面最好不要低于 800 毫米，否则会遮挡视线。

**仅用吊灯照明兼备装饰效果**

如果仅想使用吊灯照明的话，最好采用同时可获得间接照明效果的灯具，这样更能让餐桌显得突出。光线上下发散的灯具，不仅能够照亮餐桌，也能照亮顶面，形成不错的光晕。此时餐厅整体亮度在 50 勒克斯左右，桌面亮度则在 300 勒克斯左右。

## 以筒灯作为主灯确保餐桌面得到比较均衡的照度

使用筒灯作为餐厅的一般照明，可以确保餐桌面得到比较均衡的照度，使天花板看上去也更加干净。桌子上方，以较近的间隔装设 2~4 盏灯具，让桌面可以得到 200~500 勒克斯的照度。如果有灯头可旋转的筒灯或落地式投射灯，可以调整照射的角度来应对不同的需求。

## 选择看不到灯泡的灯具

选择看不到灯泡的灯具，不让灯泡的光线直接刺激视线。灯罩可以选择微透光的材质，形成间接照明。灯具垂下的高度距离桌面 800 毫米左右，可以让光线打在人脸上效果更好。

## 悬吊灯具延伸空间感

考虑到餐厅的采光条件较差，空间感弱，因此没有与客厅空间做硬性分隔。玻璃台面的餐桌让空间感与明亮度都更强化，搭配悬吊的造型吊灯，自然地吸引人的视线，并且视觉上拉高整体的垂直高度，营造出精致的视觉感受。

## 直接照明 + 间接照明混搭配置，创造光影层次

餐桌上配置小型吊灯作为直接照明，周围墙上的射灯则作为辅助照明使用，射灯的光线射向墙面，吊灯的光线射向桌面，避免了光源相互干扰。

## 聚光灯凝聚光线于餐桌之上

开放的客厅、餐厅空间，餐桌搭配聚光灯造型排列的长形吊灯，黑色线条点缀金属灯罩，金属质感呼应了整体的现代风格。

## 随餐厨空间过渡的弹性照明设计

餐厅、吧台和厨房三个功能区因为动线串联在一起，餐厅多聚在餐桌用餐，使用高度降低，所以用精致小巧的金色锥形灯具作主要照明；中岛对亮度要求不高，采用漫射灯具制造柔和的过渡光线；厨房则以嵌灯为主，令工作区拥有足够的亮度。

## 突出食物风味的餐桌主灯

用餐是让人放松的时刻，因此，空间采用间接照明会减少压迫感。另外，在陈列柜的层板上加灯辅助，呈现展示效果。餐桌上方主灯的光线落在餐桌上，使菜品看起来更加美味，空间也增添了层次感。

## 可调整光源灯具，让空间更灵活

客厅、餐厅和厨房之间，利用色彩和材质的呼应，形成视觉上的连贯感，整体以黑白红三色为基调，打造出时尚的现代感。开放式的餐厅采用不同颜色与材质的餐桌作为空间的主角，特别搭配上照式灯具，灯罩可翻转的设计，除了能变换灯体造型，还能灵活的调整光源的照射角度。

## 大空间的吊灯以突出装饰效果为主

由于空间面积较大，并且采光条件较好，所以餐厅的灯具选择了造型精美的吊灯，让人一进入餐厅就能看见。由于吊灯所发出的光比较微弱，所以一般会在周围增加投射灯来提高整体的亮度。

## 开放空间下造型餐灯的焦点作用

当客厅与餐厅在同一个空间中，可以选择一款造型突出的餐灯吸引人的视线。由于吊灯所发出的光较微弱，所以增加射灯提升空间的明亮度，并且将部分光线聚焦在墙面上，使空间视觉景深有主次之分。

## 无采光餐厅的照明设计

位于无采光空间的餐厅，可以运用天花的嵌灯、间接照明与主灯，交织出沉稳但又明亮的调性。加上反光材料的选择以及白色的衬托，整个餐厅即使没有自然光源，也会给人非常明亮的感觉。

## 长条灯均匀铺撒光线

半开放式餐厨空间以吧台作为分隔点，让空间动线更流畅。长条灯相比单盏灯具或组合的吊灯而言，光线更加均匀，能够减少桌面的阴影。

## 冷暖光源的冲突对比

餐厨区的照明灯具均以嵌灯为主，餐厅的嵌灯集中在餐桌上方，为桌面提供充足的照度；而厨房的嵌灯排布均匀，保证工作台面能够得到均匀的亮度。玄关与通道的区域虽然不大，但是因为运用了色温较高的嵌灯来照亮墙面，与餐厨较低的色温形成冷暖的对比，从而也有了分界感，起到引导动线的作用。

## 巧用重点式聚光灯，餐桌料理台两用

方形的餐桌兼具料理台的功能，因此照明设备便跟着桌子延伸。餐桌部分使用低垂的吊灯保证桌面照度，料理台部分则使用嵌灯，视觉上也弥补了桌子的高低差。

## 闪闪发光的中心吊灯

极具装饰效果的吊灯成为整个空间中的焦点，由于餐桌较长，为保证桌面光线均匀度，使用了两盏相同造型的吊灯，保证照度的同时也让视觉重点更加突出。

## 多头灯具平衡视觉和光线

多头的灯具可以给餐桌提供均匀的光线，光线能够包覆整个桌面，不会有明显的明暗区分。同时，多头的造型可以平衡顶面的单调感，在视觉上让空间平衡起来。

## 5. 卧室环境照明设计原则

### 1 卧室一般照明设计

卧室的一般照明是作为环境照明使用的，通常在组织方法方面不受使用者年龄差异的影响，具有一定的共性特点。在卧室中，宜在顶棚的中心位置设置主照明，在周边位置根据装修效果的需要设置反光灯槽、筒灯、射灯等其他常用辅助照明功能，以形成丰富的光效果，增强空间的装饰感。

因为卧室一般照明主要是作为环境照明，所以也可以不设主光源，仅靠其他照明手段提供一般照明，但需要吊顶或进行局部吊顶处理。因此，对于想要设置主光源的卧室来说，要对其美观性和光效进行考虑，可以选择光线分布均匀的吸顶灯或垂吊灯具。

### 2 卧室局部照明设计

卧室不宜设置过多的局部照明，是因为繁杂的灯光环境将破坏卧室安静、平和的气氛。卧室局部照明主要是对主墙面造型、墙面挂画的装饰照明和满足不同附属功能需求的功能性照明。

### 3 卧室照明灯具选择

卧室灯具的材质与色彩要以空间的风格而定，考虑与装修所用材料、色彩的协调。选用垂吊式灯具时，要注意灯具体量和下垂高度的合理性，以避免给人造成不安全感和压迫感。

卧室局部装饰照明不宜采用过高的照度，灯具以筒灯、射灯、反光灯槽为主，主墙面的装饰照明宜采用暗藏式灯带，既不会造成眩光，又具有塑造装饰造型体积感的作用。

### 4 卧室照明光源选择

卧室一般照明光源的选择以暖色调为宜，能够塑造安静的空间氛围，容易使人入睡。光照度一般不宜太高，否则容易使人兴奋。但老年人因视力衰退，所以其卧室照度要适当提高。在卧室一般照明光源色彩的选择上，要适当考虑使用者年龄的差异。

## 多层次灯光满足不同情境

大多数人的卧室可能不只有睡眠的功能，还兼具阅读、更衣室等起居功能，因此可以为卧室空间搭配多重照明光源，例如天花板间接照明、嵌灯、床头收纳灯、两侧阅读灯等，不论是睡前需要温和一点的光线，还是更衣化妆时需要充足的照明，均可根据需求切换使用。

## 卧室减少大型灯具带来的压迫感

卧室的照明主要功能是能够创造舒适的休息环境，相对于造型精美的大型灯具，嵌灯或体积较小的灯具可以减少对视觉的刺激，也能降低压迫感。

## 床头设置间接照明保证亮度平衡

采用床头板背后的间接照明和床头吊灯，使卧室照明层次丰富。嵌入床头板后的光源不会直接被人眼看到，所以能够创造出比较柔和的照明环境。

## 满足特殊需求的单侧灯具照明

为了满足男主人在睡前使用手机的习惯，在其睡觉的一侧规划了固定的吊灯，同时将开关设计在随手能及之处，方便操作。由于吊灯的光没有直接照进人眼，属于间接照明，照明效果相对柔和，不会给人太过刺激眼球的感觉。

## 漫射灯具营造舒适放松的照明环境

卧室非常适合光线柔和的漫射灯具，不会过于明亮。一般会安装在床的两侧，临近光源也可以完成阅读等活动。

## 光源融入背景，让视觉更柔和自然

在卧室床头墙面中嵌入灯饰，除了可以舒缓睡前的情绪，也让墙面材质的拼接有了立体感。空间依循灯光的色温使用了暖色调搭配木纹饰面板，不仅视觉感受更温和，连触觉也能感受到自然的放松感。

## 未设主灯具可有简洁明了的视觉效果

卧室中如果没有设置主灯具，而是用在吊顶上的散布的射灯和反光灯槽作为一般照明，这样的搭配具有简洁明了的视觉效果，同时也有利于节约开支，常在简约风格住宅空间中使用。

## 光线均匀分布的垂吊式灯具可增添艺术氛围

想要灯具成为空间的视觉中心，就要考虑其审美性和光效，一般常用吸顶灯或吊灯，不仅可以增添艺术氛围，还可以保证整体光线的均匀。

## 明暗变化下的宁静氛围

卧室的局部照明以床头背景墙的灯带和床头的吊灯为主。沿着背景曲线造型的灯带，使背景变得灵动起来，镜面与木饰面的拼接，给人带来独特的观感。床头的吊灯，光线范围比较小，可以缓解突然开启造成的视觉不适。整个空间的明暗区分非常明显，反而给人一种宁静、平和的氛围。

## 利用照明让缺点变优点

卧室的顶面不平整，有一定的倾斜度，而且整个房间的层高较低，有明显的高低落差。为了修饰这个缺陷，舍掉了顶面灯具，将视线重点下移。并且在床头板后设置嵌入灯带，向上照射的光打在顶面上形成立体的光效，使原本的缺陷变得独特起来。

## 衣柜内光源也能成为卧室氛围营造者

卧室空间除间接照明外，衣柜内的光源也是一大特色，使用 T5 或是 LED 灯具嵌在层板之间，一方面方便寻找衣物，另一方面暖黄色的光线打在木纹衣柜上，反射出温柔、稳重的气质，与空间整体的氛围非常搭。

## 镜子周围使用嵌灯补足梳妆所需的正面光线

将梳妆台藏入柜子中，可以让卧室看上去更整洁，但是嵌入的梳妆台的自然采光较差，所以可以在化妆镜两侧安装 LED 灯来均匀地补足正面光线。

## 充满新鲜感并且实用的灯光是儿童房所需的

简洁、充满新鲜感并且实用的灯光是儿童房所需的。简单的层次需要为这个空间在用作游戏房时提供明亮的灯光，在用讲故事时提供较柔和的灯光。所有看得到的灯具位置也非常重要，在儿童房中的所有东西都不应该在儿童能够得着的范围内，包括灯具、开关、插座等。

## 为儿童设置的照明

较大的孩子一般都需要一张紧靠墙面的桌子用来阅读、画画或做作业。这种情况下通常会在桌子上方的橱柜下方安装照明灯具，以保持桌面整洁。LED 不会发热，所以安装在儿童房中更为安全。也可以选择造型小巧，色彩鲜艳的台灯作为桌面的照明工具，还能作为装饰物使用。

## 儿童房吸顶灯可以采用遥控调光的吸顶灯

儿童房吸顶灯可以采用遥控调光的吸顶灯，并带有夜灯功能，选择直径 400mm 以上的吸顶灯能够确保整体亮度。

## 6. 厨房环境照明设计原则

### 1 厨房一般照明设计

厨房是操作区域，照明设计主要为满足操作行为的明视需求。对于独立性不强的厨房空间，例如开敞式厨房，应将其照明设计与餐厅空间的照明统筹考虑，以强调厨房与餐厅的关联性，但不应忽略操作照明的重要性。

厨房的一般照明需要有足够的照度，以提高整个空间的亮度，确保工作的便捷与安全性。厨房一般照明通常以吸顶灯和防雾灯为主，不宜采用光源裸露式灯具，以防止因水汽侵蚀而发生危险和因油烟的污染而难以清理。当一般照明不能满足操作台位置的照明时，应采取局部照明的形式进行照度的补给。

### 2 厨房局部照明设计

厨房的局部照明通常设在操作台的上方，可采用有遮光板的灯具，或与吊柜结合，隐藏于吊柜之内，以减少眩光。

**厨房灯具位置应朝向橱柜前面**

厨房灯具安装位置也很重要，直线形的白炽灯或者荧光灯应该安装在朝向橱柜的前面部分。这样，发出的部分光会射向后挡板，然后反射到操作台面上，再射向整个厨房的中心。也可以在橱柜上方安装照明装置用于间接照明，比如小射灯，照在橱柜的上部，不仅不会刺眼还方便取物。

## 直接照明与辅助照明结合满足不同工作照度

厨房设施以方便、高效为主，故需要使用灯光进行协调。在厨房中多数都在天花板、墙壁上设置直接照明，在切菜、配菜处设置辅助照明。一般选用长条管灯设在边框的暗处，光线柔和而明亮，用基本照明照亮整个区域并利用局部功能照明来提供最佳照明组合效果。

## 强化重点区域光源

在需要洗菜、切菜与烹煮的厨房，特别需要强化亮度，因此嵌灯集中于操作面上方，搭配间接照明补足光源，使光线更充足。

## 开放式厨房尽量使用相同色温的灯具

开放式厨房除了整体环境亮度之外，也要把操作台照亮。同时厨房一般照明的色温要与相邻空间相同，这样可以令整个空间更有一致性，看起来会非常舒服。

## 中岛吊灯展现艺术品位

整个厨房采光通透，顶面嵌灯作为走道动线的主要照明，中岛上方的吊灯与橱柜吊柜下的柜下灯都是辅助照明，但中岛的吊灯更有装饰感，可以将视线集中在吊灯上，使原本单调的厨房变得有艺术感。

## 流明天花均匀照亮空间

为了效仿充沛天光，在厨房营造大面积照明，提升整体亮度的同时，也提升了品位。

## 隐藏式照明使洁白空间具有整体性

简洁纯白的厨房中，无须过多繁复灯饰，设置以最简单的层板灯、嵌灯，保留纯白原色。层板灯作为进入厨房时的第一照明，开冰箱等短暂停留只开层板灯即可；若是长时间的料理烹煮，则再开启嵌灯。

## 厨房灯具选择应方便清洁

烹饪时难免有油烟，因此易于清洁也是厨房照明设置的重点，所以设置的光照设施以平面型为主，橱柜吊柜底端有光带，都可以满足方便清洁的需求。

## 结构性灯光使空间更柔和

在厨房中的一些橱柜中适当地放入结构性灯光，例如在橱柜的玻璃搁板后方打上灯光，或在层板下安装灯具，可以起到突出陈列物的作用，这样的设计能够使得空间变得更加柔和，并且使功能性极强的厨房能与其他空间在风格上保持协调。

## 垂吊灯具提供照明和装饰效果

如果厨房空间够高，可以在天花上安装透明或半透明的吊灯作为光源，吊灯这时不仅可以提供绝佳的照明，还能带来很好的装饰效果。

## 可调节射灯照亮料理台

在适当的顶面位置安装可调节方向的射灯，可以照亮厨房的料理台。将这些灯在橱柜边一字排开，以避免在工作区域产生阴影。可调节方向的灯光能够提供更佳的照明效果，并且有效避免刺眼的强光。

# 7. 卫生间环境照明设计原则

## 1 卫生间一般照明设计

就一般住宅来说，卫生间通常具有洗漱、如厕、沐浴功能，因此照明设计要考虑不同行为需求，可以采用一般照明与局部照明相结合的方式。因为卫生间属于湿环境，所以要求有较好的照度水平。

卫生间一般照明灯具通常采用磨砂玻璃罩或亚克力罩吸顶灯，也可采用防水筒灯，以阻止水汽侵入，避免发生危险。通常设置一盏一般照明灯具，对于将洗漱区独立设置的卫生间，应配合分区情况加设灯具。

## 2 卫生间局部照明设计

卫生间的局部照明主要是洗漱区照明。通常情况下可在洗漱区设置镜前灯，也可以在镜子上方设置反光灯槽或箱式照明。镜前灯应安放在镜上方视野 60 度以外的位置，其灯光应投向人的面部，而不应投向镜面，以免产生眩光。通常镜前灯选择具有滤光罩的防水型灯具，且要配以显色性好、照度高的暖白色光源。

### 反光材料与灯光放大空间

卫生间处于无法开窗，也没有自然采光的位置，因此在规划照明时，特别重视空间的提亮效果。除了大量使用白色瓷砖来制造明亮、洁净感，还利用镜面、玻璃等可穿透且能反射光的材料，让光源不受到任何阻挡均匀照亮卫生间。

## 嵌灯提亮空间，辅以吊灯增添气氛

淋浴区、盥洗区上方分别加装嵌灯，集中光源可以让洗漱、洗浴的动作看得更清楚，同时搭配间接照明的辅助光源，调和卫生间的光差，避免眼睛过于疲劳。

## 可以加装壁灯展现氛围和品位

如果想体现稍微复古的感觉，可以挑选壁灯，壁灯的造型可以是现代感强烈的、也可以是古典款式的，加装在镜子两侧，不仅提供照明，也能为情景氛围加分。

## 利用灯带加强局部照明功能

利用嵌灯照亮整体空间，提供充足的照度外也能保证顶面的平整度，另外在镜面、淋浴区墙壁上加装光带，强化局部区域所需照明。

## 筒灯不安装在卫生间中心

用玻璃进行干湿分离的卫生间，在墙面附近安装筒灯照亮瓷砖墙面，让干区和湿区更具一体感。通过将筒灯设置稍偏一点，使卫生间内光与影形成鲜明的对比。

## 带镜子的收纳柜上下设置间接照明

在镜子收纳柜的上下设置间接照明，让人的面部不被强烈的灯光照射，另外为了避免顶棚和墙面出现阴影而设定光线，调整了照明灯具的角度和设置。

## 细腻配置的卫生间光源设计

除了使用嵌灯作为整个空间照明外，面盆上另设置投射灯，面盆下也配有灯管间接照亮地面，让盥洗区有足够的照度。淋浴区与走道基于安全考虑，分别以嵌灯以及走道壁灯作为辅助照明，避免因视线不清而发生意外。

## 制造淋浴区的视觉焦点

为了在淋浴区域制造出一个视觉焦点，可以在墙上设置一些壁龛，这不仅能够摆放一些洗浴用品，还能够在凹槽内安装照明灯具。这样可确保卫生间中其他照明都较昏暗时，淋浴区也不至于过暗。

## 为空间加入柔和的中部光层

卫生间的顶灯可以提供均匀的照度，照亮了整个空间，但是在照镜子时会给面部留下阴影。为了除去这些阴影，最好在镜子周围加上光源，为空间加入柔和的中部光层，也提升了空间的细腻感。

## 流明天花均匀照亮空间

为了效仿充沛天光，在卫生间营造小面积照明，提升整体亮度的同时，也增添品位和质感。

## 全白色系打亮空间

由于卫生间的采光较差，因此整体采用全白色系瓷砖铺陈墙面，强化光线的反射效果，打亮整体空间。光亮的白瓷砖也与其他空间在视觉上区别开。

## 间接照明保持空间的个性美

卫生间在墙面采用间接照明的设计，保持墙面的层次感，柜镜下方的灯管也保证了台面的亮度。整个卫生间的照明柔和而含蓄，形成好看的光影效果。

## 灯具设置在坐便器上方最佳

相对而言，卫生间对光线显色指数要求不高，因此几乎什么灯泡都可以安装，但考虑到墙面光的柔和度较天花板佳，所以不做主灯，改用局部灯光照明，在坐便器前面上方向墙面打光，一来比较柔和自然，二来减少了天花板带来的阴影效果。

## 镜面注入光源，有效提高明度

卫生间较特别的是在洗脸槽上放入一个镜子，而镜外再用光带做包覆，提供重要光线，也带来不一样的视觉意象。光线的注入对于镜子的功能有加分效果，而镜面旁的光源会使整个镜面的亮度提高，不容易在脸上产生阴影，对于卫生间的镜子来说，这是非常重要的。

## 根据立面设计决定照明方向

深灰色石材墙面，衔接了相同色调的涂料墙面，提炼出一种从容的现代气息。落地镜背后安装的灯具发散出暖黄色间接光，不仅低调地彰显了材质拼接的巧思，也无形中轻量化了整体空间的视觉重量感，并使墙面更有立体感。

## 点光源分散照明带进卫生间

利用酒店、商场常见的点光源照明手法来设计卫生间，因为光束宽、靠近地面的照度就低，阴影就小，整体照明显得低调又自然，更显档次。

## 镜柜四周的灯带更“方便”

镜柜下面或者镜柜四周可以考虑用灯带来渲染氛围，四周的灯带会比镜柜上方的灯更“方便”，从上面往下的灯光会有阴影，而镜子四周的灯光会使光线更为均匀。

## 隐藏式灯光不影响整体感

隐藏式重叠可调暗的荧光灯管安装在长长的洗脸台下方，防止洗脸台成为空间中过于主导的设置，安装于远离地面足够高的地方，也防止反射效果影响整体感观。

## 8. 玄关环境照明设计原则

### 1 玄关一般照明设计

玄关，是家居设计中的门面。无论其设计手法如何，给予人的感觉舒服轻松是最重要的。作为一个过渡的空间，通常采用一般照明和局部照明相结合的方式，从使用功能和装饰性角度进行设计。玄关宜采用暖色光源，形成空间的温暖感。光源照度不宜过高，要充分体现其处于明暗空间转换的特殊位置的特点。

玄关的一般照明是为整个玄关提供环境照明，并兼有一定的装饰照明作用。玄关的一般照明宜采用提供均匀照度的照明方式，照度值不宜过高。玄关一般照明光源以暖色调或暖白色调为好，常用光源为荧光灯和低压卤素灯。

### 2 玄关局部照明设计

玄关局部照明以重点照明为主，主要是对墙面造型和墙面陈设品的照明，其作用是为装饰品增添光彩，同时起到引导视线的作用。玄关的局部照明不宜超过两个，否则会令局促的空间显得过于喧闹，破坏空间感。因为局部照明点的数量和位置的设置要与装饰内容结合，所以通常要求门厅设计不宜超过两个重点装饰部位。可作为玄关局部照明的灯具种类很多，一般来说主要以射灯、壁灯为主，也可以采用暗藏灯带的形式。光源选择主要是暖色调的卤素灯和暖白色荧光灯。

### 3 玄关照明灯具选择

灯具的选择和布置要附属于室内装修情况，通常以顶部供光灯具为主，宜选择光通量分布角度较大的照明工具，例如筒灯、吸顶灯、吊线灯、反光灯槽、发光顶棚灯。

对于简单装修的玄关，通常可通过一盏主灯或者根据面积采用多只筒灯来提供一般照明，既满足了提供均匀照度的要求，又以简洁的照明组织方式实现了玄关作为过渡空间的作用。反光灯槽使用时不可作为主光源，这是因为普通反光灯槽的光利用率低，要获得视线高度的适宜亮度，需要其达到很高的照度水平，这样容易在顶面形成反光灯槽光线辐射区域与其他区域的强对比，产生眩光效应。所以，反光灯槽宜作为主光源的辅助照明，或作为装饰照明使用。总体而言，玄关不宜采用过多的照明形式，最好不要超过两种，灯光效果的多样化会使玄关照明显得杂乱，并且给人喧宾夺主的感觉。

## 迎客氛围的灯光要采用暖光

玄关处有装饰柜，可以在柜子附近或上方安装集中配光的筒灯，照射装饰品，营造迎客气氛。玄关的整体照明要保证主人和访客能互相看清彼此的脸庞，因此装设位置最好是在两者中间的位置。

## 间接照明烘托回家气氛

玄关柜可以安装照明灯具作为间接照明。玄关柜下方装设位置大约距离地面 300 毫米，玄关柜上方装设可以在不提高玄关照度的情况下，兼顾功能与美感。玄关如果有镜子，可以在镜子上方装设灯具，照度以 500 勒克斯为宜。

## 顺应动线设置嵌灯

为了入门不阴暗，玄关应顺应进门动线安排嵌灯，为收纳、穿鞋等活动提供充足照明。顶面可以再另设灯带，隐藏灯具提供间接照明，强化整体光源，也方便看清墙面柜里的东西。

## 艺术品与灯的融合，增加玄关装饰性

玄关属于狭长形空间，从进门到客厅约有七八步的距离，为了让访客有惊喜感，玄关处特别陈列艺术品，当灯光打在艺术品上时，既可展现艺术氛围，又可缩短玄关的狭长感。

## 嵌灯点缀现代感玄关

入门玄关处以宽敞的空间感欢迎访客的到来，上方以嵌灯投射光影映照金属玄关柜与石材地面，交错的光影为空间营造时尚的氛围感。

## 营造内外玄关的层次感

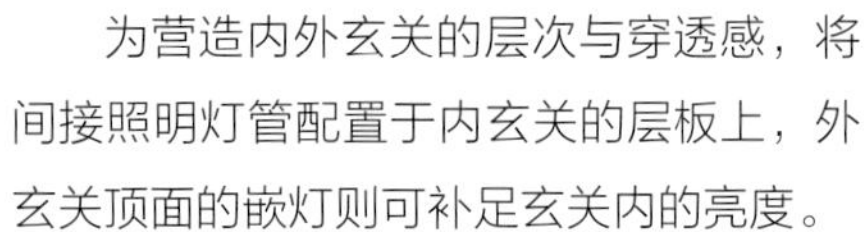

为营造内外玄关的层次与穿透感，将间接照明灯管配置于内玄关的层板上，外玄关顶面的嵌灯则可补足玄关内的亮度。

## 嵌入感应式照明，制造柜体的悬浮感

玄关柜体内嵌入感应式照明，兼具夜灯的功能。因为是由柜体下方打出的灯光，可以制造柜体的悬浮感，视觉上有轻量化的效果。

## 入门处吊灯增添热情氛围

在玄关入门处的玄关台上摆放上陈设品，并用吊灯烘托，为玄关增添了热情的氛围，一进门就给人赏心悦目的美感。

## 少量照明留下暗部，让玄关更沉静

整个玄关仅以嵌灯作为简单照明，为了打造出沉静的氛围，没有使用过多的灯光设计，强烈的明暗对比，使空间更有深意。

## 可调节射灯可改变光线方向

因为玄关狭长，所以整体以白色系为主，增加了空间的明亮感。顶面以一整条可调节轨道射灯作为整体照明，裸露的黑色轨道具有个性感，也将人的视线向远处延伸。可调节的射灯可以将光线左右散射，在墙上和地上形成不规则的光斑，让空间不再乏味。

## 9. 走廊环境照明设计原则

走廊的照明通常以满足最基本的功能要求为目的，但在有些情况下，可以采用特殊照明效果对过道空间进行改善。过道的照明设计最重要的是行走的安全性，除了整体的照明外，还要有光照到过道尽头的墙面上，这样可以让人看到过道的尽头。

过道的照明一般以直接照明为主，夜间行走可以加入间接照明，灯具款式最好简洁大方，这样可以避免显得空间拥挤。走廊的一般照明需要均匀照亮空间，因此可以是吊灯、吸顶灯或是宽光束的筒灯；局部照明主要作用是营造氛围，所以可以是筒灯、吊灯等。

### 筒灯靠墙边设置，增加明暗变化

通常，在走廊的顶棚中心位置安装筒灯的情况比较多，如果把筒灯靠近墙边安装的话，空间的印象会产生变化。除了墙面的光影形成对比之外，靠近正前方墙面上的筒灯，会增强空间的进深感。筒灯靠近墙面设置会使灯光具有动感，同时使筒灯具有射灯的功能。

## 墙下灯带兼具指引与视觉延伸效果

从客厅进入卧室的一段走廊，在没有自然光引入的情况下，在顶面挖出凹槽放入嵌灯作为主要照明。不仅能柔化空间照明，也能成为路线引导，让视线更为深远。

## 暗藏灯带打造出走廊空间

在柜体上方与下方，打造出光带，制造出走廊展示墙面焦点，轻化柜体与墙面的重量感，放大走廊的空间，同时也可于夜间作为动线的导引。

## 间接照明柔化线条，直接照明集中光源

沿着走廊上方装设直接照明，一方面当作行走时的照明工具；灯槽则是转化区域，由走廊延伸到房间门口的灯带，更可弱化不规则感。

## 灯光为狭长走廊画龙点睛

空间中的壁灯一左一右，由上而下映照长廊两端，中间以柜子增加收纳与装饰效果，让整体空间不再狭长，灯光更为墙面带来画龙点睛的效果。

## 顶面发光会有令人惊喜的反射光效

隐藏了直线型灯具的吊顶，在顶面形成类似自然光的反射，为走廊增添了由上而下的自然感，整个空间的光影呈现也非常独特。

## 利用材质提升空间明亮感

走廊的采光不好又比较狭长，除了从照明上多下功夫外，还可以选择反射效果较强的材质，例如镜面、亮面瓷砖等材质，有助于强调光线反射效果，适度提升空间明亮度。

## 走廊照明以简单为主，照明集中在入口处

走廊的上方多为管道设计，导致顶面较低，因此照明没有太复杂的设计，以简单功能为主，在房间出入口加强照明即可。同时在走廊的尽头利用灯光做端景墙照明，为走廊带来趣味感及视觉焦点。

## 特殊造型灯具打造艺术氛围

为了打造不一样的走廊空间，用颜色对空间进行了改造。为了顶面色彩的完整性，将灯具设置在墙面上，长短不一的金属灯具，不隐藏线路反而有不错的装饰效果。

# 二、办公空间

办公空间照明的主要任务是为工作人员提供完成工作任务的光线，从工作人员的生理和心理需求出发，创造舒适明亮的光环境，提高工作人员的工作积极性和工作效率。

## 1. 办公空间照明设计要点

办公空间照度基准

单位：勒克斯

0 50 100 150 200 250 300 350 400 450 500 550 600 650 700 750 800

|  | 300 | 500 | 750 | 200 |
| --- | --- | --- | --- | --- |
| 办公室 | 普通办公室 | 高档办公室 | | |
| 会议室 | 普通办公室 | | 视频会议室 | |
| 接待室、前台 | | | | 整体 |
| 服务大厅、营业厅 | 整体 | | | |
| 设计室 | | 整体 | | |
| 文件整理、复印、发行室 | 整体 | | | |
| 资料、档案存放室 | | | | 整体 |

## 2. 办公空间照明灯具

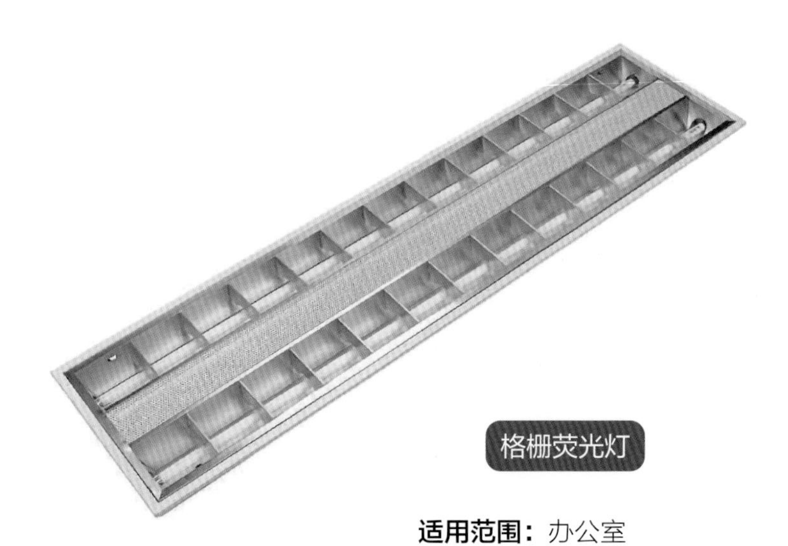

格栅荧光灯

**适用范围：**办公室

**特点：**是办公室照明设计中采用的最传统的照明灯具；可以根据建筑顶棚形式，有嵌入式和吊挂式

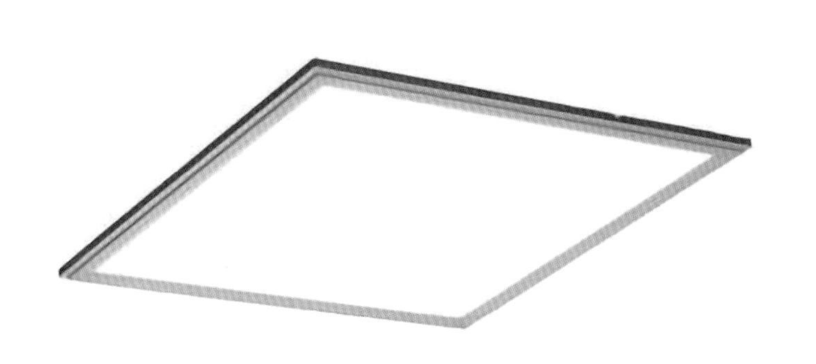

射灯

**适用范围：**会议室、门厅和办公室之间的长廊

**特点：**光线向下分布，适合桌面集中照明和走廊氛围照明

射灯

**适用范围：**会议室、门厅和办公室之间的长廊

**特点：**光线向下分布，适合桌面集中照明和走廊氛围照明

地脚灯

**适用范围：**走廊、楼梯

**特点：**光线向下分布，适合自然光较少的空间，比较柔和

筒灯

**适用范围：**接待区、打印间、茶水间、员工休息室

**特点：**适用于整体照明，光线向下分布，无明显光斑

直射型台灯

**适用范围：**工作桌面

**特点：**带反射罩、下部开口的直射型；可根据电脑屏幕的亮度来限制灯具的亮度

## 3. 接待区及休息区环境照明设计原则

办公空间的接待区一般设置在前台或者与前台相距不远的地方，包括开放式和封闭式空间。封闭式空间一般多作为接待室。前台的任务主要集中在接待和读写上，桌面上的照度也可以在接待台上方单独加装灯具。接待室是用来迎接个别来宾或者上级领导，甚至在平时，还可以作为内部员工开会的场所。一般做到照度 300 勒克斯，照度均匀，且需要考虑节能。

办公空间的前台区域首先在形态和色彩上要有一个明确的定位，针对办公空间的性质，可以分析主要的上门客户类型，上门客户的类型可以决定这个前台接待区的主要设计风格。并非任意一个优秀的前台设计都适用于任何一个办公空间，前台区域给来访者的感觉应该是宽敞、明亮、热情的，那么在光源的选择上也应该与其他区域有所区别，主要照明与辅助照明的结合，感情与理性的共同存在，需要让前台的形态与顶面的天花吊顶、灯具的选择有一个相关联的契合点。

办公室休息区是工作人员工作疲惫时作状态调整的场所，这里一般有饮水吧台、阅报区和吸烟区等，休息的功能就决定了其需要的照明效果。这里一般需要暖色调的光线，营造出一种温馨而有情调的气氛。可以用紧凑型荧光灯和卤钨灯作为基础照明，射灯作为局部照明增加情调。一般以 T5 荧光灯、T8 荧光灯、节能灯、灯杯作为照明设备，照度偏低，保持在 200~500 勒克斯的范围内，显色性大于 60，给人以舒缓放松的感觉，色温为 4000 开尔文左右，营造温暖放松的气氛。

### 前台照明注意营造一个视觉中心

作为企业的第一张名片，前台给人的初印象十分重要，一般采用基础照明和 Logo 背景墙重点照明的方式，以达到突出企业形象，展示企业实力的效果。

### 洽谈区亮度不够，可增加重点照明

除基本的照明之外，洽谈区还采用了重点照明设计，由于该空间高度较高，在需要高亮度照明的洽谈桌上并不能达到阅读要求，所以会添置吊灯，补充环境亮度，增加室内温馨感受。

## 多层次光源满足不同需求

在设备区、茶水间中，室内的主光源在吧台上方，方便挑选合适的饮品，而落座区则采用了重点照明。整个休息区的灯光层次丰富，可以满足交谈、进餐、放松等不同的需求。

# 4. 办公空间环境照明设计原则

大多数的办公楼室内照明，是由整齐排列在天花板上的格栅灯来实现的，且办公室多使用色温大于6500K 的光源。但随着办公空间装修风格的个性化，照明设计手法也有所变化。办公室按照空间形式可以分为开敞办公区域、独立办公区域和会议办公区域。针对不同的区域，要有灵活的照明设计方案。

## 1 开敞办公区域

开敞办公区域是办公空间中最常见的布局，每个工位相对独立，在正常工作空间内较少考虑交流、讨论活动，若工作类型需要经常性交流、讨论，则应另分区设置。

开敞式办公区域的光照度应当尽量达到均衡，要求照明设计能够保障在任何平面布局形式下都可以为工作面提供适宜的照度和均匀的亮度分布。对于普通的开敞式办公区域，通常要求照度均匀、照明质量适中、灯具不醒目、眩光要求一般，且通常采用手动控制；而对于稍高档的开敞式办公区域，还经常采用间接照明灯具，对眩光要求较高，并采用与自然采光相配合的照明控制系统。通常情况下，开敞式办公区域包括一般照明和局部照明。一般照明主要是提供空间的整体亮度，常用的就是格栅荧光灯，也可以选择反光灯槽、发光顶棚灯等造价稍高的照明方式。如果想对区域进行空间界定，同时也为形成亮度的差别，可以采取分区一般照明形式，即通过区域与办公区域可采用不同的照明灯具。通过区域的眩光要求可以适当降低，因而灯具的可选择性较大，例如格栅灯、筒灯等，但要考虑灯具眩光对就近办公区域的影响。

开敞式办公空间的局部照明主要是对工作面的照明，而当一般照明能够满足工作面照度要求时，则无须设置局部照明。局部照明灯具要求光线柔和、亮度适中。

## 2 独立办公区域

独立式办公室不仅要考虑工作照明，还需要考虑到会客时的照明。一般工作面照明推荐采用300~500 勒克斯的照度，局部增加间接照明方式，如台灯、落地灯。色温控制在 2700~4000 开尔文，照明方式以直接照明结合间接照明为宜。

独立办公区域的照明通常可采用一般照明或混合照明方式。一般照明主要设置在工作区域，灯具通常以格栅灯和漫反射型专业办公照明灯具为主。对接待区可采用分区一般照明的方式，形成与工作区的光环境差异。

## 3 会议办公区域

会议区通常要求有均匀的照度和对演示区域的重点照明，在稍微高档一点的会议区则还要相对复杂的照明设计。通常情况下，会议区的照度应为 300~750 勒克斯，照度均匀度大于 0.8，色温在3500~4100 开尔文。

会议区一般采用分区照明和局部照明结合的照明方式。工作区需要保持均匀的照度，同时应保证与会者面部照度的充足。工作区周边的通行区域通常采用一般照明方式，不要求过高的照度，只为起到环境照明的作用和一定的氛围营造作用。现在会议区大都有视频系统，需要空间处于较低的亮度环境才能达到清晰的效果，而这会对与会人员记录资料造成不便，因此可以考虑用窄照型灯具对工作区进行局部照明，同时满足会议记录与视频播放的需求。

## 公共区域采用规律排布的一般照明

办公空间公共区域的一般照明是将灯具按照一定规律布置在整个天花板上，可以是纵向排列，也可以是横向排列，这样能够为工作面提供一个均匀的基本照度。

## 注意控制工作面照度与周围环境照度

用半高的隔板将每位员工的办公区域围合起来的“牛栏式”办公空间，每位员工都有相对独立的工作台面，但是要注意控制工作面照度和周围环境照度之间的比值，如果工作照度大于 750 勒克斯，那么周围环境照度应在 500 勒克斯；工作照度为 500 勒克斯，周围环境照度则应为 300 勒克斯。

## 考虑自然光与人工光的自然过渡

人们处在办公室中的时间很长，所以应该全面考虑自然光和人工光之间的自然过渡。在靠近落地窗附近的区域，设计并未加灯，在远离自然光的区域则横向增加了吊灯，为工作面提供柔和而均匀的环境照明。

## 吊装灯具可向上或向下投射光线

吊装灯具在办公空间也很常见，由于其可以方便地向上或向下投射光线，所以可以非常容易地将直接照明和间接照明融合起来，以提供良好的照明效果。

## 开放式办公室环境能使头脑清醒

办公空间开放没有界限，所以存在着大量的人际互动和互相影响，这就更加需要人们长时间保持头脑的清醒。因此，办公室需要给使用者们一种尽量宽敞的感觉，应该采取一般照明和局部照明相结合的设计方式。一般照明可以为整体办公空间提供柔和均匀的背景灯光，这保证了办公空间特别是走廊、通道等公共区域的一般照明要求。局部照明会在员工的工作台作业区域周围安装照明设备，帮助员工在进行作业时得到更加均衡的光环境。

## 给光源加上遮蔽保护，避免眩光

避免眩光最直接有效的方式就是给产生眩光的光源加上遮蔽保护，避免眼睛与强光的直接或间接接触；改用表面反射率略低的办公空间材质；也可以使用现在比较流行的有反射罩的长方形照明设备；在透明玻璃墙的下半部分做隔屏，让自然光正常射入，但不会过量产生让人干扰的眩光。

## 光源整体色调不宜过多

整体照明色调选择了白色，由于办公人员希望办公空间更前卫一些，所以适量增加了一些暖色调的光源，但在材料的选择上做了一些变化，将塑料等工业材质的办公家具换成木材类，因为木类材质会让人在视觉上获得更好的舒适度，不过最好慎用暖色调，因为暖色调会使人产生温暖的感觉，产生过于放松的倦怠感。

## 光环境应该具备秩序感和明快感

办公空间的光环境设计应该具备秩序感和明快感，这是基本的要求。以此来看，造型简单、实用、颜色单一的照明装置是合适的选择，因为这类照明灯具给人一种明快、简单、整洁、平和、安静的感觉，与此同时，这类灯具的造型由于简洁明了，富有现代化气息，更适合现代化办公室的整体气质。

## 通过灯具材质传达不同感觉

办公空间希望给人传达一种理性的感觉，需要彰显自己的专业性，给客户一种值得信赖的感觉那么金属或者塑料等类似材质的灯具更适合。如果公司想要有更亲和的感觉，那么可以适当在接待区、洽谈区或休息区、娱乐区使用布料、纸质的材质，会给人更多的温馨感。

## 灯具安装在工作台上方，减少反射光

灯具的具体安装位置适宜选在工作台的上方，这样能够使光的投射方向和显示器屏幕相平行，有效减少屏幕的反射光线，避免产生眩光。

## 顶面灯具距窗越近应越稀疏

通过在办公室顶面有规则地排列嵌入灯具及部分吸顶式的灯具，让这些照明设备直线状排列，呈网络状交叉，以求得均匀的顶灯光源。顶灯的排列应该根据离窗的距离而定，距窗越近，顶灯布置越稀疏，反之越密集，这样才能让光照达到均衡。

## 常用电脑工作可以增加局部照明

整体照明可以为整个办公空间提供柔和与均匀的背景光环境，局部照明可以加强员工的个人工作区域照明，增加可调性，有效地避免个人工作区域过亮或过暗，从而保护视力，适合需大量电脑作业的光环境要求。

## 调整高色温的光源照度要注意环境色彩

除了使用色温较高的光源，还要同时注意办公室内的环境色彩。整个办公室中的光环境色彩明度过低，就算是使用照度适宜的高色温光源，也有可能会让员工感到不舒服。因此主色彩最好不要和光源的颜色对比太强烈，否则整个空间的色调就会失衡，从而丧失整体感，使空间看起来非常混乱。

## 流明天花设计让会议室充满自然光感

流明天花板将灯具藏在不透光的材质里，使光线呈现出均匀明亮的效果，会议室看起来明亮而自然，也减少了阴影的产生，这对与会者而言不论是做笔记还是观看视频，都不用担心阴影和眩光问题。

# 三、餐饮空间

在餐饮空间光环境中，人们不但要求享用光色诱人的食物，还要求体验流行通俗的大众文化氛围。光环境的大众文化彰显需要根据经济环境、商业氛围，以及人们的社会观念，结合大众文化相应特征进行设计。

## 1. 餐饮空间照明设计要点

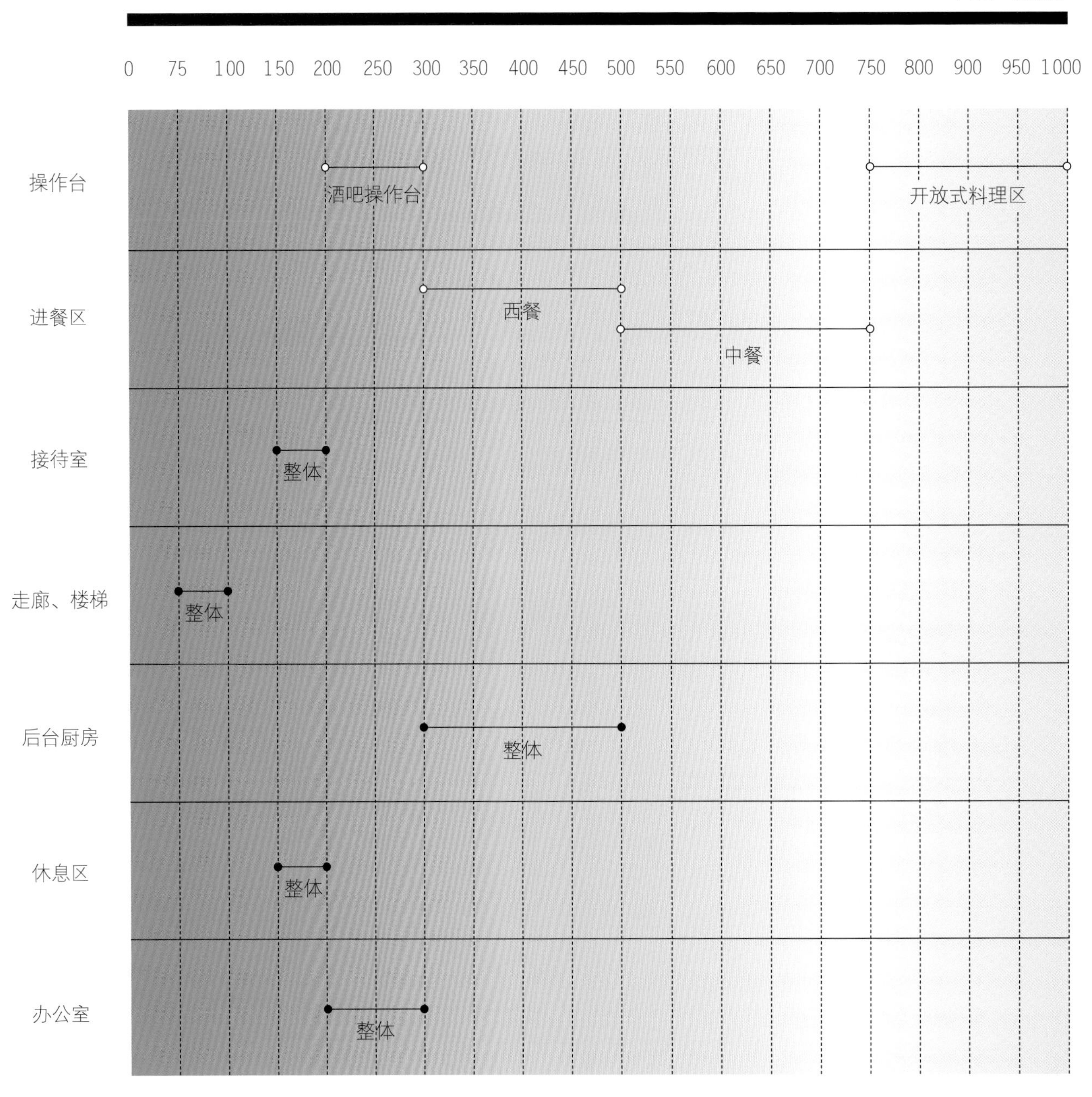

# 2. 餐饮空间照明灯具

吸顶灯

**适用范围：**厨房、员工休息室

**特点：**显色性较好，使用寿命长

光带

**适用范围：**进餐区背景照明

**特点：**辅助环境照明，为进餐者的面部照明提供均匀的光线，避免形成浓重的暗影

格栅荧光灯

**适用范围：**办公室

**特点：**是办公照明设计中采用的最传统的照明灯具；根据建筑顶棚形式，分为嵌入式和吊挂式

吊灯

**适用范围：**门厅、进餐区

**特点：**属于装饰性照明灯具，制造优美的进餐环境，通常属于间接照明或半间接照明

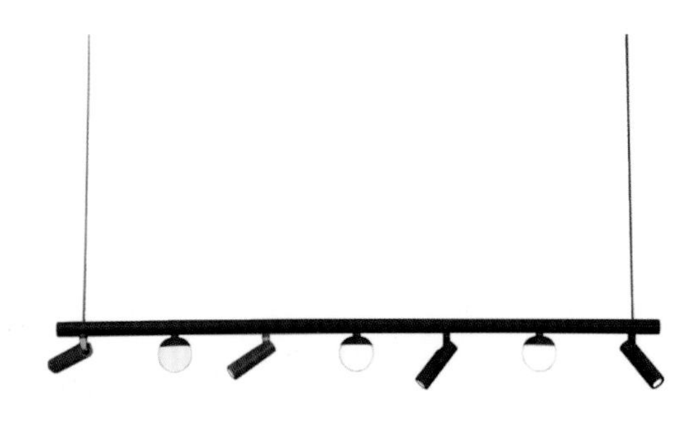

射灯

**适用范围：**通行区、桌面、卫生间

**特点：**光线向下分布，适合桌面集中照明和长廊氛围照明

# 3. 餐饮空间环境照明设计原则

餐饮空间的总体照明要求是空间明亮、环境优雅，但具体照明质量要求和氛围要求因空间风格不同而存在较大差别，应对具体空间进行区别对待。但是餐饮空间对于光源的显色性要求较高，可以让菜品看起来更加美味，所以通常显色指数大于 80。

## 1 餐饮空间一般照明设计

餐饮空间的一般照明主要是通过顶部供光实现，中餐厅、宴会厅一般采取相对复杂的照明组织形式，强调光源与造型的结合，追求层次丰富的光环境，增添豪华、热烈的就餐气氛。而西餐厅通常采用较为平淡的布光形式，强调随意感，追求环境的平静、优雅。餐饮空间一般照明的灯具主要以筒灯、反光灯槽、发光顶棚、吸顶灯、吊灯等漫反射型灯具为主。主灯是餐厅的主要装饰元素，是不同风格餐厅的符号和标记，为强化装饰效果，应该选择风格倾向明确的灯具。

## 2 餐饮空间局部照明设计

餐饮空间的局部照明主要是对吧台、门厅的功能照明和对陈设品、景观小品的重点照明。相比传统的局部照明方式，艺术化的灯光氛围更容易将客人带入身心愉悦的境界，对促进客人之间愉快的交流有一定帮助。

### 凸显风格和主题的灯具设置

一个美式复古为主题的餐饮空间，通过灯光的反射及墙面灯光直线描边的表现手法，使整个餐厅呈现出优雅和精致，配以与风格相适应的复古造型的灯具设计，搭配明亮的冷光源，给人以夺目、浪漫的视觉效果。

## 增强装饰材料的质感表现力

如果没有精细的灯光设计，再昂贵的桌椅也不能体现其价值。同样，如果没有高品质的餐饮硬件设施，再精细的灯光构思也不能展现其美感。灯光的交相呼应下，餐厅装饰材质的肌理十分突出，表现出其自身强烈的质感，增强了整个餐饮空间的表达。

## 大量自然光下的大胆色调

大厅内部的高亮空间以明亮的颜色设计，蓝色、粉红色和黄色的大胆色调与水泥手工瓷砖的修复墙面相结合。所有元素都赋予空间新鲜感和轻盈度。空间从白墙反射出最大限度的光线，50 年代的复古装饰灯悬挂在高高的天花板上，提供温暖而柔和的照明，营造出舒适的空间感。

## 明暗变化的合理运用丰富空间层次

对于较为单调的空间，可以在墙面或者地面上对其加以运用，使得墙面、地面上存在分布规律的光晕，明暗交错之间，让空间层次感不再单调乏味。

## 利用台灯和壁灯减少无趣感

在繁杂的灯具种类中，台灯与壁灯最为常见，它们通常用于照明或补充照明，在气氛的营造方面有着一定的作用。对于餐厅中可能存在的乏味无趣的问题，采用台灯或者壁灯用以补充照明可以使其得到很好的解决。

## 现代感十足的空间内的对称照明

整个餐厅的一般照明都是围绕着中间的气球狗陈设展开的，窄照型的筒灯照亮下方长桌的桌面，满足用餐的基本亮度。两边的造型吊灯不仅照亮了桌面，而且也颇有对称的美感和装饰性。

## 整齐灯具与随性顶面造型的结合

休闲区域的顶面设计非常有新意，利用钛板仿照丝带的造型，以坚硬的金属感展现柔软、灵动的质感，非常的巧妙。将白色的吊灯从“丝带”中悬挂露出，整齐的排列顺序与随意的“丝带”造型形成了对比。

## 相同色温下不同材质的质感呈现

在间接照明的照射中，空间材质、纹理、质感的变化都展现出不同的表现力。暖黄色的灯光下，墨绿色天鹅绒餐椅纹理细腻、柔软的效果给人以温暖的感受，同时添加了舒适的心理感受。金属吧台墙面虽然反射光线，但因为与光源色色彩相近，所以不会有太强的反射效果，反而给整个餐饮空间带来温馨的气氛。

## 灯具的材质也能体现餐厅风格

餐厅的重点照明主要使用的是悬挂式灯具，强调空间中餐桌的位置，还要有一般照明，使整个空间具有一定的亮度。不一样的灯具材质会给餐饮空间带来不同的体验。细致的质感营造出雅致和高端的设计风格，而粗犷的材质则给人带来朴素自然的装饰风格。

## 依据区域选择灯具

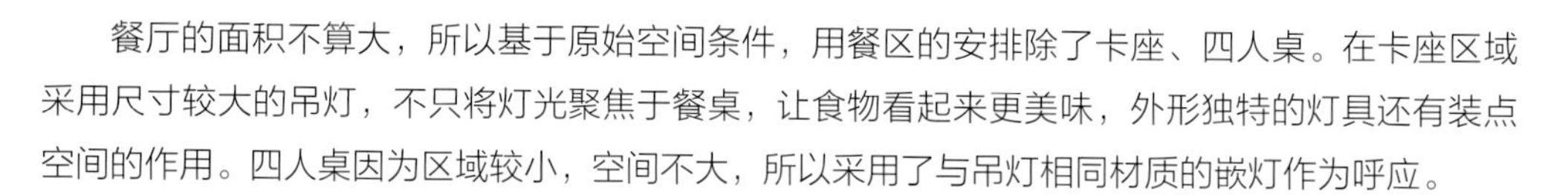

餐厅的面积不算大，所以基于原始空间条件，用餐区的安排除了卡座、四人桌。在卡座区域采用尺寸较大的吊灯，不只将灯光聚焦于餐桌，让食物看起来更美味，外形独特的灯具还有装点空间的作用。四人桌因为区域较小，空间不大，所以采用了与吊灯相同材质的嵌灯作为呼应。

## 灯具的空间划分

小酒吧的面积不大，靠墙设计的餐桌可以节约不少空间，餐桌因为桌面窄小，所以采用了小范围照亮桌面的细长形灯具，不会给空间增添拥挤感。吧台的面积较大，所以采用了造型夸张的大吊灯，曲线造型也与餐桌吊灯形成对比，不仅隐约做出空间区隔，还增添了视觉变化。

### 英文字母造型灯强化品牌和空间活泼感

因为拥有整面的落地窗，所以自然采光较好，没有设置过于均匀的一般照明，仅在远离窗户的通行区域以格栅灯作为主要照明，其余局部照明均由可调节的轨道射灯完成。整个餐厅的亮点便是顶面英文造型的灯具，一来可以强化品牌，二来也可以强化空间活跃感。

### 与房间功能相匹配的灯具造型选择

此餐厅最显著的特色是悬吊的灯具，手工吹制的玻璃灯，配有大小不同的吊坠和烛台，与有着戏剧性波浪纹理的墙面钢板呼应，发出柔和的光线，照亮上部空间。

## 不同照明形态呼应不同用餐区域

看起来宽敞明亮的餐厅，通过密网屏风分隔成不同的就餐区域，四人用餐区域以宝蓝色长沙发为主，两人用餐区以单人扶手沙发椅为主。两个用餐区域不仅从座椅的材质上形成对比，而且在灯具上也有对比感。细长的吊灯和较矮的落地灯在空间中形成高低差，带来非常舒适的层次感。

## 融入自然的照明设计

某汽车品牌的设计馆内在顶面设置了钢网格，在上面悬挂了成千上万的树枝，其中还系着镀锌电线，电线上悬挂数百个光球，再用鲜花缠绕电线，将其隐藏起来，从而营造出茂密的树叶和鲜花背景。

## 冲击视觉的立面造型与灯具的融合

富有张力的曲线游走出对骨架的描绘，从墙面延伸到顶面。隐藏在骨架脉络中的灯光，突显了各种材质的肌理感，金属波纹的镜面折射着光线，形成了明与暗的无数对比，一切看上去都是那么的梦幻。

## 科技感十足的饮品店照明

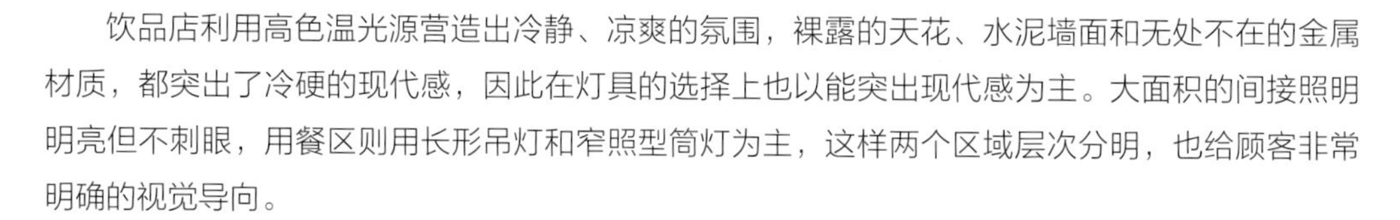

饮品店利用高色温光源营造出冷静、凉爽的氛围，裸露的天花、水泥墙面和无处不在的金属材质，都突出了冷硬的现代感，因此在灯具的选择上也以能突出现代感为主。大面积的间接照明明亮但不刺眼，用餐区则用长形吊灯和窄照型筒灯为主，这样两个区域层次分明，也给顾客非常明确的视觉导向。

## 整齐排列灯具的独特魅力

餐厅的入口采用蓝色的大型玻璃作为墙面的设计，其拼接的纹路巧妙地呼应着地砖的图案。用餐区顶面 36 盏黄铜嵌灯排列整齐，形成与顶面相同的矩形形状，不由得吸引着人的视线向里延伸，让人不由自主地想进去一探究竟。吧台区域则用间接照明照亮酒水饮品，方便让人看清商品的同时，又起着烘托气氛的作用。

## 排列式灯光提升长形空间简洁感

餐厅的整个格局偏狭长，黑色轨道灯提供主要照明亮度，也能调整角度投光于桌面，为了让空间能有层次的变化，在卡座部分将台灯的位置抬高，以圆球状的台灯增加亮点、强化情境氛围。墙面装饰镜后面也设置了光源，使整个画面更具平衡感。

## 低亮度照明营造出在“洞穴”用餐的感觉

餐厅用餐区被设计成“洞穴”，“洞穴”前面有一个宽阔的开口，并逐渐收缩到另一端，视觉上似乎在召唤路过的客人深入进去，同时也让人有感到舒适的包容感。嵌在“洞穴”上的灯具发出柔和的间接光线，不规则地排列，有种天光穿透“洞穴”的错觉。

## 不断变化色彩的 LED 照明系统

宽敞的窗户和透明的玻璃天花板不仅将自然光线引入室内，更将室内外环境联系了起来。可调节色彩的 LED 灯管被嵌入顶面的照明系统内，在天花板上形成了一个连续的光毯，呈现出不断变化的用餐空间。菜单全天都会跟随着灯光的细微变化而变化，从亮白色变为温暖的黄色和橙色，然后再变成轻松的夜空蓝色。

## 模拟自然光的人工照明设计

室内红色的旋转楼梯是空间的核心。在红色旋转楼梯的顶端置入一个巨大的“月亮”，顶部柔和的“月光”从三层洒至地面。餐厅室内局部，用象征历史的红砖与代表现代的金属产生碰撞，灯光则是以金属材质为主，顶面格栅中排列整齐的嵌灯提供均匀的光线，不同造型的吊灯照亮餐桌，提供局部照明。

## 诠释主题的圆形吊灯

这是一家俄罗斯包子餐厅，所以其室内装饰是亚洲明亮而简约的暗示。墙壁上装饰着的纸板，可以作为竹树的现代诠释，竹树是一种与中国、泰国和日本文化相关的植物。而室内灯具也选择了与包子形象接近的圆形，悬挂在半空中，非常可爱。

# 四、商店空间

商店照明是体现其风格、展示形象、凸显商品特点的有效工具之一。如果商店形象发生了改变，照明也应该很灵活、很方便地相应改变，重新塑造新形象。因此，照明不仅仅照亮了购物区域，它还可以通过制造特有的照明效果来吸引顾客的注意力，达到促销的目的。

## 1. 商店空间照明设计要点

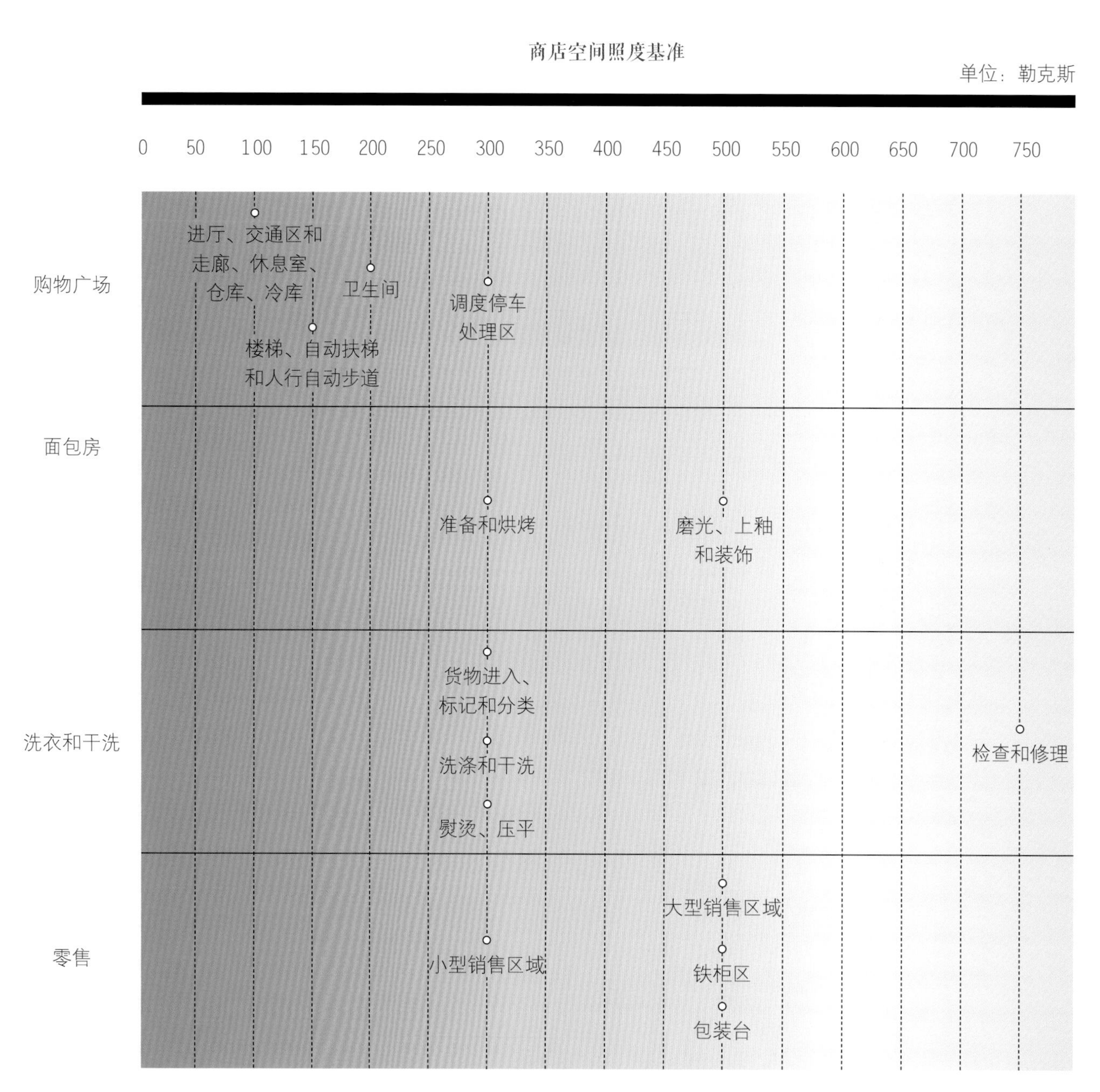

## 2. 商店空间照明灯具

吊灯

**适用范围：** 门厅、进餐区

**特点：** 属于装饰性照明灯具，制造优美的进餐环境，通常属于间接照明或半间接照明

吸顶灯

**适用范围：** 厨房、员工休息室

**特点：** 显色性较好，使用寿命长

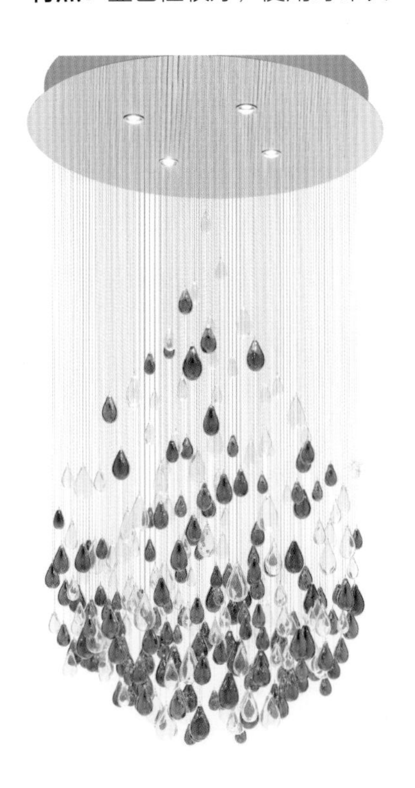

光带

**适用范围：** 进餐区背景照明

**特点：** 辅助环境照明，为进餐者的面部照明提供均匀的光线，避免形成浓重的暗影

射灯

**适用范围：** 通行区、桌面、卫生间

**特点：** 光线向下分布，适合桌面集中照明和长廊氛围照明

## 3. 橱窗环境照明设计原则

橱窗是商店空间代表性商品的对外展示区，它代表了所销售商品的种类、档次、品味等，因而橱窗照明设计效果至关重要，通常要通过陈列式设计、照明效果来共同渲染产品的品质，以刺激消费者对其产生兴趣。

### 1 橱窗一般照明设计

橱窗的一般照明投射方向多是由上往下，这样投射的方式可以使得整个环境都变得通透明亮，可以达到基础的环境照明的效果。均匀的白光和色光照明是一般照明最基本的表现形式，二者照明的亮度需要控制在较低水平。基础的白光照明是必须的，色光决定了整个橱窗灯光效果的基调，或温馨自然，或热情奔放，在照明设计的过程中使用白光、色光或者白光与色光的组合，需要根据橱窗的整体需求进行合理设计，但在照明设计的过程中要避免整个环境过于阴暗，以免造成既不能照亮环境又不能展示商品的结果。

### 2 橱窗重点照明设计

重点照明是指针对橱窗中的某个区域或者某件商品进行定向（方向性）照明的形式。重点照明投射方向多是由上往下对服装进行投光照明，可以起到突出重点的作用。此类照明的亮度一般偏高，与局部亮度所呈现的差异性大。照明设计的目的是通过定向的照明指示，展示特定的某类商品，吸引消费者进店，促进消费者的购买欲望，进而提升购买率。

### 3 橱窗装饰照明设计

装饰照明亦被称为气氛照明，它并不是直接地照亮服装，而是通过对墙面、橱窗地面和商品背景做一些特殊的灯光处理，是为了某种特殊的氛围营造而采用的照明方式。通过对橱窗背景的照明起到装饰橱窗、辅助照明的效果，同时也可以避免日间玻璃反射的干扰。在照明设计的过程中需要根据系列主题来进行空间氛围的营造，同时注意把握橱窗整体氛围的协调统一，避免装饰照明基调格格不入。其照明的目的是更好地展示商品，营造让人舒适的气氛，给消费者视觉上的享受。

### 4 橱窗照明灯具选择

橱窗一般照明常用灯具有吊灯、内嵌筒灯和泛光灯具。轨道射灯是重点照明方式中最为常用的灯具，是指灯具安装在轨道上，设计者可以根据需要随时变化灯具的数量，随时移动灯具的安装位置。轨道射灯可以根据陈列布局的变动而灵活地调整投射角度和投射方向，可变性相对来讲比较丰富。照明灯具的选择必须根据服装的特点进行针对性的选择，其目的是表现商品，最终促进销售。

## 重点照明与装饰照明结合

橱窗照明选择了重点照明与装饰照明相结合的方式表现商品造型，商品的陈列形式新颖耐看，整个橱窗的视觉冲击力强烈，消费者在逛街的过程中很容易被这类橱窗的照明形式和陈列形式所吸引。

## 保留服装真实色彩的灯光设置

通过灯光的照射，服装依然保持了自身最为真实的色彩，只是由于照明方式的不同，照明所折射出来的效果会有服装明暗的差异，这样的差异可以为服装塑造一定的立体感与层次感，消费者可以直观无误的方式接收来自服装商品的信息，服装照明的真实显色也为消费者和销售人员提供了方便。

## 通透式照明可以把整个橱窗全部打亮

在传统的橱窗照明当中，通常会安装在橱窗顶部的中间，但是会产生一个问题，即橱窗中的商品也是立在橱窗的中间，就会造成光照射在商品的顶部是最亮的，但前面会有一些阴影，导致清晰度不够。因此，在安装灯具的时候，最好把灯装在顶部的前三分之一处，这样整个商品的正面会比较亮，清晰度就比较高了。

## 侧方灯具设置更好地展示商品和烘托橱窗氛围

照明的灯具可以选择一盏灯具或者多盏灯具，具体灯具数量的确定将根据服装的特点进行选择，从左侧或右侧照射光线，形成明暗对比，将光影效果完美地展示在消费者眼前，反而让整个橱窗更有氛围。

## 左斜上方光设计展现立体感

这类照明方向的设计能够表现商品的立体感，使被展示的商品有明有暗，相比于正上方光设计，经过左斜上方光设计所照明的服装层次感更强。

## 底部灯具设计更有舞台效果

将灯具设置在地面，向上照射商品，视觉上将商品抬高，给人一种高品质、高档次的感觉。

## 增加橱窗亮度减少外界光干扰

想要减少外界光对橱窗的干扰，可以通过提高室内橱窗的亮度，增加射灯的数量来达到此目的。同时为了增强橱窗的亮度，白天全开照明，使得室外的亮度低于橱窗亮度，晚上可适当关掉部分灯光。排除外界光的干扰，做到橱窗照明的干净利落与协调统一。

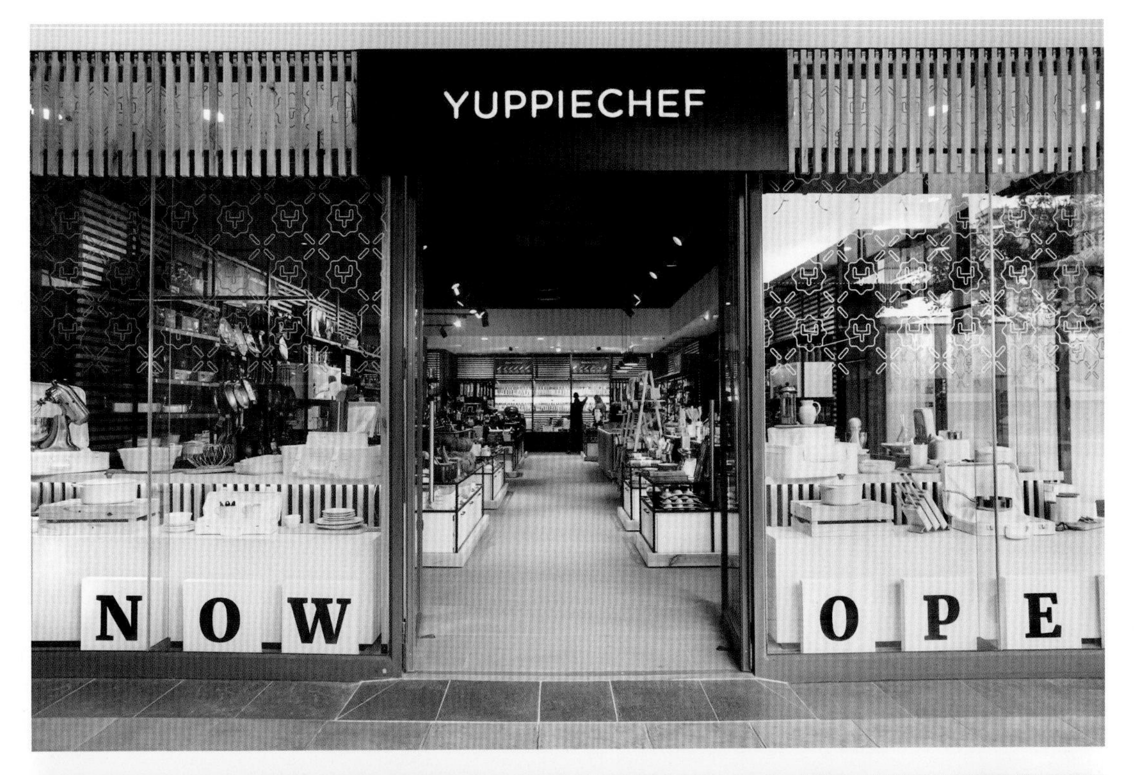

# 4. 销售空间环境照明设计原则

销售空间的照明需要根据所经营的商品种类、营销方式，以及相应的环境要求等因素来进行设计。经营种类和营销方式的不同决定了照明要求和整体环境质量要求的差异。例如，服装店、化妆品店、鞋店等销售空间，需要高雅的空间氛围、高标准的照明质量，整体空间环境需要具有档次和品位感。因此，照明设计需要丰富的灯光效果创造具有节奏感和审美性的光环境。而以家电、日用、新鲜货物为主的销售空间，则要求空间的清爽和明亮，无需氛围的渲染，光源最好具备高显色性。

## 1 销售空间一般照明

对于超市、便利店来说，一般照明往往针对整个空间，不设其他照明方式。通常情况下，一般性销售空间的照度应为 300~500 勒克斯，对于一般的商场而言，可以采用格栅灯、筒灯和其他漫射型专业商用照明灯具，安装以嵌入式为主。稍微高档一点的商场，可以增加反光灯槽、发光顶棚等隐藏式艺术照明，以获得较好的装饰效果。超市这类的销售空间通常采用悬吊式照明灯具，采用线式布灯的方式。

## 2 销售空间分区一般照明

为了给消费者提供购物的便利，也为了方便商场进行销售管理，往往需要根据类别对商品进行分区展示。分区一般照明就是对展示分区的配合，起到对不同商品区域的一般照明作用，在有些情况下也可能兼有重点照明作用。分区一般照明应根据不同区域商品的特点进行设置，所采用的灯具类型、照度水平等应符合不同类别商品的照明质量要求。

例如，就超市的百货区与新鲜货物区来说，同样是销售区域，其照明质量要求却存在一定的差异。百货区照明只强调消费者能够清楚地看到商品信息，不过多强调对商品品质的体现，通常要求照度值为 800 勒克斯左右，光源色温为 4000~6000 开尔文。而新鲜货物区则要重点突出食品的新鲜感，尤其是熟食、烘焙食品及配餐食品销售区，商家希望通过良好的照明效果来提高新鲜货品的诱惑力，通常要求照度值为 1000 勒克斯左右，光源色温为 3000~4000 开尔文。相比之下，百货区更注重以光源的高色温刺激消费者的兴奋度，从而促进消费者行为的快速发生，而新鲜货物区则更注重以光源的低色温烘托商品的品质感，以提高商品的诱惑力。

### 3 销售空间局部照明设计

销售空间的局部照明主要用于对陈列柜、陈列台、陈列架的照明。陈列柜、陈列架一般为多层封闭结构，陈列架通常有多层棚式结构（一面开敞）、多层开敞结构以及简易结构等多种形式。陈列柜、陈列台适用于精致商品的展示，棚式结构和开敞结构的陈列架可用于各种小件商品的展示，简易结构陈列架主要适用于服装类商品的展示。对这几种展示方式的照明，不仅要求有较好的水平照度，而且必须保证良好的垂直照度。为了最大限度地展示和美化商品，需要保障每一层空间都具有良好的照明效果。

陈列柜、陈列台、棚式结构和开敞结构的陈列架的照明可以分为以下几种方式：第一种，顶部照明。顶部照明是指设置在上层隔板底部的照明方式，通常用线式光源，对于选择不透明材质做隔板的展柜来说，需要进行分层照明。而透明材质的隔板应考虑光影对上层商品展示效果的影响；第二种，角部照明，即在柜内拐角处安装照明灯具的照明方式；第三种，混合照明，对于较高的陈列柜，采用单一的照明方式已经不能满足照度要求，所以要同时采用多种照明方法；第四种，外部照明，当陈列柜不便装设照明灯具时，可在顶面装饰下投光定向照明灯具。

销售区的局部照明需要较高的照度，通常要求照度为一般照明的 2~5 倍，但因为局部照明灯具安装的位置与人距离较近，所以很容易产生眩光。因此，在灯具布置时要考虑对眩光的控制。此外，局部照明宜选择色温 3000~4000 开尔文的光源，显色指数大于 80。

### 4 销售空间收银区照明设计

销售空间收银区的照明要与一般空间有所区别，尤其对于采用分散式付款的大型商场来说，除了要有明显的引导标识之外，更应在照明设计上予以强调，以使收银区从货架中凸显出来，方便消费者查找。

为了增加明确性，收银区照明应适当提高照度，或采用与周边不同的照明方式和灯具。收银区的照明一般要求照度为 500~1000 勒克斯，光源色温为 4000~6000 开尔文，显色指数大于 80。

## 积极地利用照度差别

为了使商品能够更加引人注目，需降低基准照明，把强烈的局部照明用在特别的商品上，以吸引消费者的注意力。

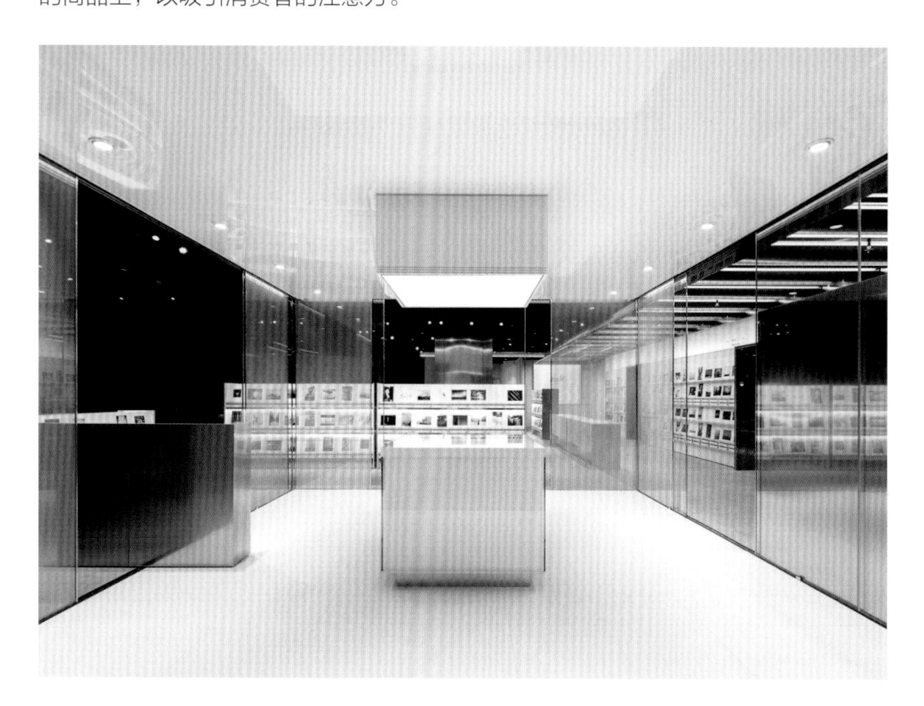

## 自然光的巧妙引入

顶面网格中排列着十几个创新镜面，它们可以让顾客以全新的方式与天空互动。镜面玻璃将自然光注入扩展的商店中，让空间的亮度增加。

## 多层次光源聚焦商品

根据陈列区的不同设计，在光源的安排上也有所不同。除了在顶面采用排列整齐的嵌灯作为一般照明，为空间提供大量均质光线外，在服装陈列区上也安排了灯具，近距离打亮商品。这样即使装饰简洁的服装店，也能有丰富且具有层次感的照明布置。

## 以层板灯打亮商品，激发选购欲望

书店的隔板下设置层板灯，可以在整体一般照明的基础下，更加突出隔板上的商品，从而达到吸引人注意的目的。

## 不同样式灯具混搭丰富空间照明表情

服装店针对不同区域，采用了不同款式的灯具，比如货架上使用的是轨道灯和层板灯，中央的展示桌上采用的是细长形的吊灯，而柜台则是裸露的灯泡。不同的灯具可以满足不同区域的照明需求，也能让空间的层次变得丰富，对于顾客而言，照明灯具的变化，可以带来灵活的变化感，购物的氛围也变得轻松起来。

## 高色温光源与暖色空间的交融

高色温发出的白光相比低色温的黄光，更能凸显商品的真实感，但是如果全部使用白光，势必会给人过于冷静的氛围，对于服装店而言，在环境色彩中加入暖色，以此缓解白光的冷感，但又不会影响明亮的感觉。

## 造型灯具可吸引顾客驻足

珠宝店为了展现高档感，整体的规划比较规整，空间以理性的直线条为主，以此来衬托珠宝的优雅之美。但为了提升空间的精致感，并且能够吸引顾客走进来，在珠宝店顶面正中央装设着水晶吊灯，造型上呼应柜台，将光线均匀地照在展示柜上。

## 灵感来自洞穴的光设计

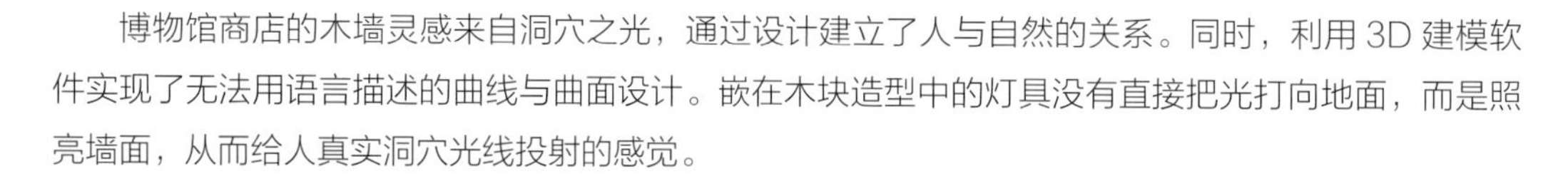

博物馆商店的木墙灵感来自洞穴之光，通过设计建立了人与自然的关系。同时，利用 3D 建模软件实现了无法用语言描述的曲线与曲面设计。嵌在木块造型中的灯具没有直接把光打向地面，而是照亮墙面，从而给人真实洞穴光线投射的感觉。

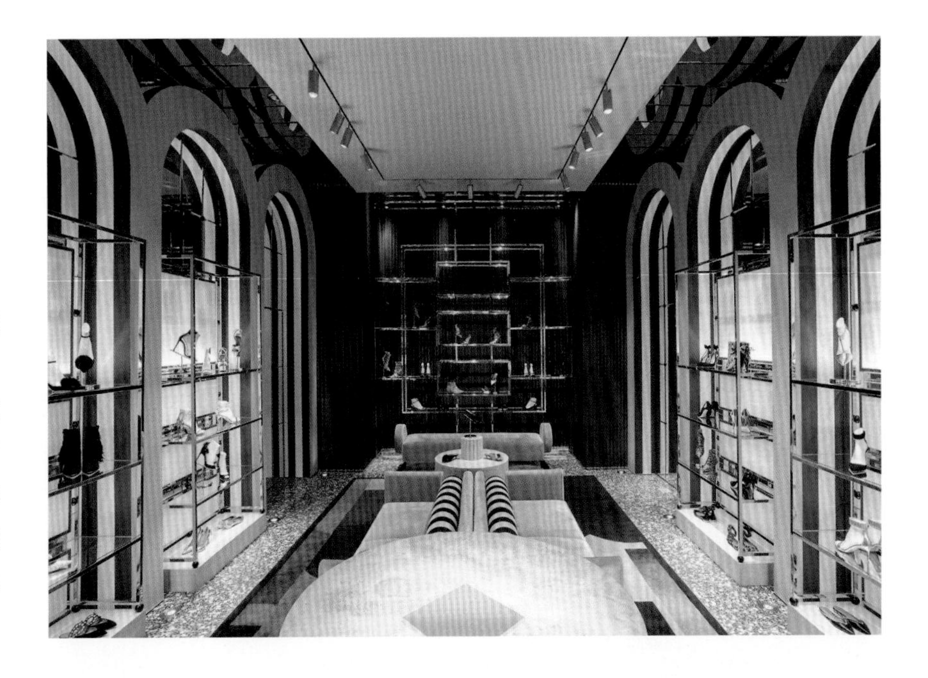

## 可调节轨道灯多方位调节光线

鞋店的商品销售一般以壁面架为主，所以光源规划以此为基础，沿着墙面方向设置多盏轨道灯，在墙面形成好看的光斑，做出局部打亮的效果。由于鞋架上下层离光源的距离不同，所以为了保证能看清商品，在架子上另外做了嵌灯，以打亮商品。

## 间接照明提升柜台亲切感

服装店的柜台一般设置在店内最里面，因为柜台包含收银、包装、查询等多种功能，所以会占用一定的空间，因此柜台的灯光既不能抢商品的光彩，也要让顾客能一眼看到，方便结账。而从顶面打下的间接光，突出柜台位置但又不会过于醒目。

## 发光体与植物的碰撞

澳门的苹果专卖店采取 " 发光立方体 " 的形式，以纯几何和温暖的 " 纸灯笼 " 发光，吸引行人通过竹林和外部活动广场。游客一进入，就被发光的石板包围着。内部设有一个安静的竹树林放置在一个高耸的中央中庭下，内部空间被一个带冲压金字塔孔径的大中央天窗所覆盖，沐浴着自然光，地面玻璃立面增强了自然光。一楼还享有竹屏的景致，唤起了外围感，同时在内外之间形成连接。